Wissenschaftliche
Automobil-Wertung

Berichte I—V

des

Laboratoriums für Kraftfahrzeuge

an der

Königlichen Technischen Hochschule zu Berlin

Von

A. RIEDLER

Mit 105 Abbildungen

BERLIN und MÜNCHEN
R. OLDENBOURG
1911

Inhalt

der Berichte I-V.

	Seite
Wissenschaftliche Automobil-Wertung. Übersicht	I
Bericht I. Automobil-Prüfstände und Untersuchungs-Verfahren.	
Allgemeines	1
Wertung von Kraftwagen	12
Versuchsverfahren	20
Rechnungs- und Ermittlungsverfahren	29
Bezeichnungen	35
Bericht II. Untersuchung eines 20/30 PS-Renault-Wagens.	
Übersicht über die Versuchsergebnisse	1
Fahr- und Energiediagramme	3
Wirkungsgrade und spezifische Leistungen	11
Versuchsreihen	14
Einzelheiten der Versuche	20
Probefahrten	31
Einfluß des Benzinbehälters auf die Motorleistung bei Bergfahrten	33
Vergleichsversuche mit Kleinwagen	37
Bericht III. Untersuchung eines 100 PS-Benz-Rennwagens.	
Übersicht über die Versuchsergebnisse	1
Einzelheiten der Versuchsergebnisse	2
Einzelheiten zu den Versuchsreihen	10
Vergleich mit einem 30 PS-Renault-Wagen	15
Bauart des 100 PS-Rennwagens	20
Bericht IV. Untersuchung eines 75 PS-Adler-Rennwagens.	
Übersicht über die Versuchsergebnisse	1
Einzelheiten der Versuchsergebnisse	2
Bemerkungen zu den Einzelheiten der Versuchsreihen	10
Vergleich mit einem 30 PS-Renault-Wagen	15
Bauart des 75 PS-Rennwagens	21
Bericht V. Schlussfolgerungen zu den Berichten I—IV.	
Allgemeines	1
Geringe Triebwerksverluste	3
Überschußleistung und Beschleunigungsvermögen	6
Motor-Schnelläufer	7
Rollverluste der Gummireifen	11
Untersuchung von Rennwagen	15
Wertung von Kraftwagen	19
Wertung von Kraftmaschinen und Kraftwerken	25

Wissenschaftliche Automobil-Wertung

bezweckt die rein o b j e k t i v e Wertung von Kraftwagen, u n a b h ä n g i g von subjektiven, zufälligen und unzulässigen Nebeneinflüssen.

Automobile wurden und werden nur s u b j e k t i v gewertet, insbesondere durch R e n n f a h r t e n, und zwar wesentlich nur durch Höchstgeschwindigkeitsleistungen.

Dem Wesen des Sports entspricht die Wertung der subjektiven Leistung des Fahrers und die Mitwertung alles Zufalls. Die Veranstaltungen stehen jedoch durchaus unter dem Einflusse wechselnder, daher willkürlicher Rennvorschriften. Die zahlreichen maßgebenden Eigenschaften des Kraftwagens, auf die es neben der Geschwindigkeitsleistung entscheidend ankommt, bleiben ungewertet.

Die Unhaltbarkeit dieser subjektiven Wertungsmethode ergibt sich schon aus der Tatsache, daß die Fahrvorschriften bei wirklichen Rennen immer, oft aber auch bei sogenannten „Zuverlässigkeitsfahrten" für die Teilnehmer Veranlassung sind, S p e z i a l w a g e n zu bauen, die nur der besonderen Veranstaltung dienen und mit den Gebrauchswagen gleicher Marke geringe oder auch keine Ähnlichkeit besitzen.

In der Öffentlichkeit kann außerdem eine subjektive, sehr einflußreiche Wertung schon durch bloße R e k l a m e und mündliche Geschäftsanpreisung der Verkäufer erfolgen, wobei alle Behauptungen und Meinungen sich an den fast immer nichtsachverständigen Käufer richten. Erfolge in kostspieligen Rennen sind hierzu nicht immer erforderlich.

Durch diese Wertungsverfahren: Rennen und Reklame, wird der Ruf einer „Marke" geschaffen, ein Ruf, der bezeichnenderweise ganz unabhängig von der Güte der Wagen Schaden leidet, wenn er nicht durch weitere Sportsergebnisse oder wenigstens weitere Reklame dauernd genährt wird. Anderseits gewähren diese subjektiven Wertungsverfahren auch dem minderwertigen Wagen die Möglichkeit, von Zufällen begünstigt, vielleicht doch zur Geltung zu kommen, insbesondere wenn Reklame allein sich als wirksam genug erweist.

Infolge dieser subjektiven bezw. willkürlichen Wertungsverfahren müssen auch die subjektiven Meinungen im Automobilwesen die objektiven Tatsachen tief überschwemmen. Und so ist es gekommen, daß in einer so außerordentlich positiven Sache, wie es der Automobilbau ist, die Entwicklung auch schon durch bloße Modebestrebungen mächtig beeinflußt wird. Um für die kommende Mode bereit zu sein, werden große Summen aufgewendet, oft unabhängig vom wirklichen Wert der Sache.

Für diese subjektiven, völlig unrichtigen Wertungsverfahren hat die Automobilindustrie seit ihrem Entstehen und Emporblühen Millionen verausgabt. Diese Wertungsverfahren sind unzweifelhaft die teuersten und zugleich unsichersten. Die Erfahrung zeigt allerorts, daß keineswegs nur die besten Fabriken oder besten Wagen die höchstgewerteten sind. Große Leistungen, wertvolle Neuerungen sind oft gezwungen, gegen bessere Einsicht mit großem Kostenaufwand im gleichen Strome der einseitigen Wertung zu schwimmen mit den anderen, die ihre Entwicklung nur auf Rennen und Anpreisung stützen, zum Schaden wirklichen Fortschritts. —

So sind die Fragen naheliegend und ihre Beantwortung dringend:

Ist es möglich, Kraftwagen verschiedenster Bauart o b j e k t i v richtig zu vergleichen?

Ist es möglich, K r a f t w a g e n r e i n o b j e k t i v z u v e r l ä s s i g z u w e r t e n?

Ist es möglich, a l l e wesentlichen Eigenschaften des Wagens und seiner Teile, nicht bloß die Geschwindigkeitsleistung, richtig zu werten?

Ist es möglich, a l l e m a ß g e b e n d e n E i g e n s c h a f t e n d e s W a g e n s und seiner Teile d u r c h W e r t z a h l e n festzustellen und dadurch brauchbare Vergleichsunterlagen zu erhalten?

Ist es möglich, für solche Wertzahlen o b j e k t i v r i c h t i g e u n v e r ä n d e r l i c h e G r u n d l a g e n zu schaffen, frei von der Einseitigkeit und Willkürlichkeit der bisherigen subjektiven Wertung?

Von vornherein ist klar, daß solche objektive Wertung nur gelingen kann durch w i s s e n s c h a f t l i c h e V e r s u c h e, durch Messung der

Leistungen und der Verluste im Kraftwagen auf besonderen hierzu geeig-
neten Prüfständen; daher ergeben sich die Vorfragen:

Ist es möglich, solche wissenschaftliche Untersuchungen auf Prüfständen durchzuführen genau den Bedingungen des praktischen Fahrbetriebs entsprechend?

Ist es also möglich, das wirkliche Verhalten der Wagen zuverlässig zu ermitteln, frei von unzulässigen Annäherungen und Annahmen?

Richtige objektive Wertung, im größten Maßstabe durchgeführt, würde
nur einen geringen Bruchteil der Kosten beanspruchen, die die mangel-
haften subjektiven Verfahren erfordern. —

Der vorliegende Bericht ist der Anfang zu einer erschöpfenden Beantwortung dieser Fragen, der Versuch, solche objektive Wertung unter
den verschiedensten, auch den schwierigsten Verhältnissen durchzuführen
und sachlich richtige Grundlagen zu schaffen, zugleich aber auch der
Versuch, einige wesentliche Fragen des Kraftwagenbaus und -betriebs zu
beantworten oder, wo dies noch nicht möglich ist, für eine spätere voll-
ständigere Lösung wenigstens brauchbare Bausteine zu liefern.

In diesem Sinne enthält der folgende Bericht I eine Übersicht
über die bei wissenschaftlichen Kraftwagenuntersuchungen zu lösenden
Aufgaben und ihre Schwierigkeiten nebst Begründung der bei den Versuchen und bei der Wertung angewendeten Verfahren.

Die Berichte II—IV enthalten einige vollständige Wagenuntersuchungen, an die jetzt schon im Bericht V einige allgemeine
Schlußfolgerungen angereiht sind. Alle wesentlichen Schlußfolgerungen
sollen erst später, nach Veröffentlichung zahlreicher, an verschiedenartigsten
Wagen gewonnener Versuchsergebnisse, im Zusammenhange folgen.

Die Ergebnisse dieser wenigen hier veröffentlichten Versuche
zeigen schon deutlich, wie außerordentlich sich die wissenschaftliche
Durchdringung dieses bisher unbearbeitet gebliebenen Gebietes lohnt, wie
jede Wagenuntersuchung überraschende Aufschlüsse gibt und Widersprüche mit überlieferten unhaltbaren Anschauungen aufdeckt, und sie
zeigen zugleich zahlreiche Fortschrittsmöglichkeiten.

Berlin, im September 1911.

A. Riedler.

Laboratorium für Kraftfahrzeuge
an der
Königl. Technischen Hochschule
zu Berlin

Automobil-Prüfstände

und

Untersuchungsverfahren

-1-

Mit 8 Abbildungen

In unserer Zeit sind w i s s e n s c h a f t l i c h e   V e r s u c h e die Grundlage alles Fortschritts. Es ist eine einseitige Wertung einer allerdings beispiellos raschen Entwicklung, wenn die Anschauung vertreten wird, auf dem Gebiete des K r a f t w a g e n b a u s seien alle wesentlichen Aufgaben schon gelöst. Der Wirklichkeit dürfte entsprechen, daß sehr wichtige Aufgaben erst auf dem Boden der bisherigen Leistungen lösbar sind. Die Grundlage hierzu: vollständige wissenschaftliche Versuche, fehlt aber bis jetzt.

Kraftwagen können eben w ä h r e n d   d e r   F a h r t nur in äußerst beschränkter Weise beobachtet und untersucht werden, weil ausreichende Veränderungen des Betriebszustandes und Messungen während der Straßenfahrt äußerst schwierig oder unmöglich sind. Die Fahrtprüfung kann selbst rein praktischen Zwecken nur in engen Grenzen dienen, nur der Beurteilung einzelner Fahreigenschaften der Wagen, ohne Möglichkeit einer genauen Zerlegung und Wertung der Resultate.

Probefahrten können über den inneren Wert eines Wagens nur sehr geringen Aufschluß geben. Fabrikprobefahrten haben nur das „Einfahren" der Wagen vor dem Verkauf zum Zweck. Hierbei sollen, bei guter Fabrikation, gar keine wesentlichen Mängel, keine Fehler der G a t t u n g, des Wagentyps mehr entdeckt werden, sondern nur kleine Abweichungen im Zusammenbau, i n d i v i d u e l l e Fehler jedes einzelnen Wagens.

Untersuchungen von Kraftwagen auf b e s o n d e r e n   P r ü f s t ä n d e n, den Zusammenhang aller Teile umfassend und den w i r k l i c h e n   p r a k t i s c h e n   F a h r b e d i n g u n g e n entsprechend, sind bisher nicht bekannt geworden, sondern nur Teilversuche an Motoren und Triebwerken.

Prüfstände für M o t o r e n sind in allen guten Automobilfabriken vorhanden. Auf ihnen werden die Motoren der laufenden Fabrikation vor dem Einbau in die Wagen untersucht und meist nur unter allmählich wachsender Belastung „einlaufen" gelassen.

Prüfstände für K r a f t w a g e n besitzen die Automobilfabriken nicht, sondern nur einige Hochschulen und Automobilklubs. Von diesen sind bisher nur wenige Teilversuche, insbesondere Bremsversuche, veröffentlicht worden, die aber in keiner Weise für die W e r t u n g der Wagen dienen können.

Prüfstände für L o k o m o t i v e n , die ähnliche Aufgaben erfüllen sollen, sind bisher gleichfalls ergebnislos geblieben. Auch der große Lokomotivprüfstand, der 1904 auf der Weltausstellung in S t. L o u i s im Betriebe war und seitdem in den Werkstätten der P e n n s y l v a n i a - E i s e n b a h n in A l t o o n a in Verwendung steht, ist bisher nur durch untergeordnete Vergleichs- und Bremsversuche bekannt geworden.

Die nach diesem Vorbilde von großen staatlichen Eisenbahnverwaltungen geplanten Prüfstände sind noch nicht in Tätigkeit getreten, zum Teil überhaupt noch nicht im Bau. —

Die Ursachen, weshalb hier ein wissenschaftlich fast unbearbeitetes Gebiet vorliegt, liegen im wesentlichen in den großen s a c h l i c h e n S c h w i e r i g k e i t e n , die sich umfassenden Kraftwagen-Untersuchungen entgegenstellen:

in der unvollkommnen Bauart der Prüfstände, in der Unzulänglichkeit der Meßvorrichtungen, insbesondere für Zugkraftmessung, in der Weitläufigkeit vollständiger Versuche, die viele gleichzeitige Messungen und zahlreiche geschulte Beobachter erfordern, sowie auch in der Schwierigkeit, auf dem Prüfstande das dynamische Verhalten des Wagens entsprechend der wirklichen Fahrt herzustellen und trotz aller dynamischen Nebenwirkungen richtig zu messen.

Ungenaue Messungen, Teilversuche, wie auch alle Bremsversuche, losgelöst vom Wagenbetrieb, führen nicht zum Ziel. —

Über die Einzelheiten des A u t o m o b i l - P r ü f s t a n d e s i m L a b o r a t o r i u m f ü r K r a f t f a h r z e u g e d e r T e c h n i s c h e n H o c h s c h u l e z u B e r l i n wird eine eingehende Veröffentlichung später folgen, da hierzu Erörterung der gemachten Erfahrungen und der Vor-

Bild 1.

Seitenansicht und Schnitt der Lauftrommeln des Prüfstandes
im
Laboratorium für Kraftfahrzeuge.

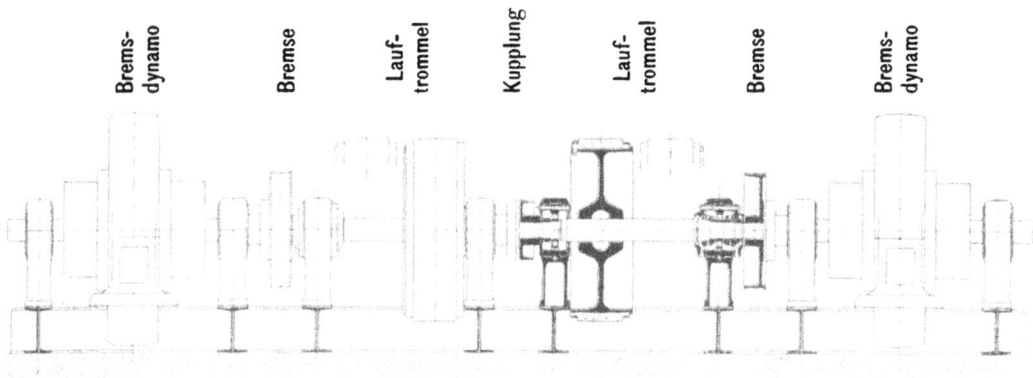

Brems-dynamo   Bremse   Lauf-trommel   Kupplung   Lauf-trommel   Bremse   Brems-dynamo

Maßstab 1:50.

versuche, sowie zahlreiche Begründungen notwendig sind, die besser erst dann gebracht werden, wenn vollständige Wagenuntersuchungen veröffentlicht und auf dem Prüfstande auch Lastwagen und ungewöhnliche Wagen, Rennwagen usw. untersucht sein werden.

Vorläufig werden zu jeder Wagenuntersuchung nur die wesentlichsten Erläuterungen gegeben, die erkennen lassen, nach welchem Verfahren vorgegangen ist, und wie die Meßergebnisse gewertet werden.

Bild 2.
Grundriß des Prüfstandes.

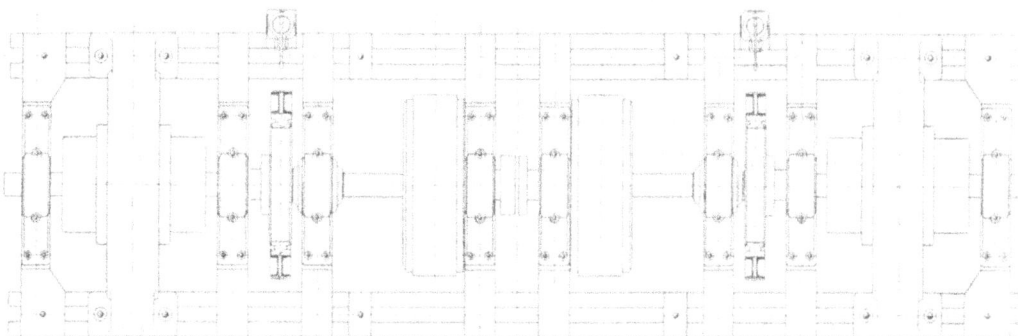

Maßstab 1:50.

Bild 3.
Seitenansicht des Prüfstandes
im Laboratorium für Kraftfahrzeuge.

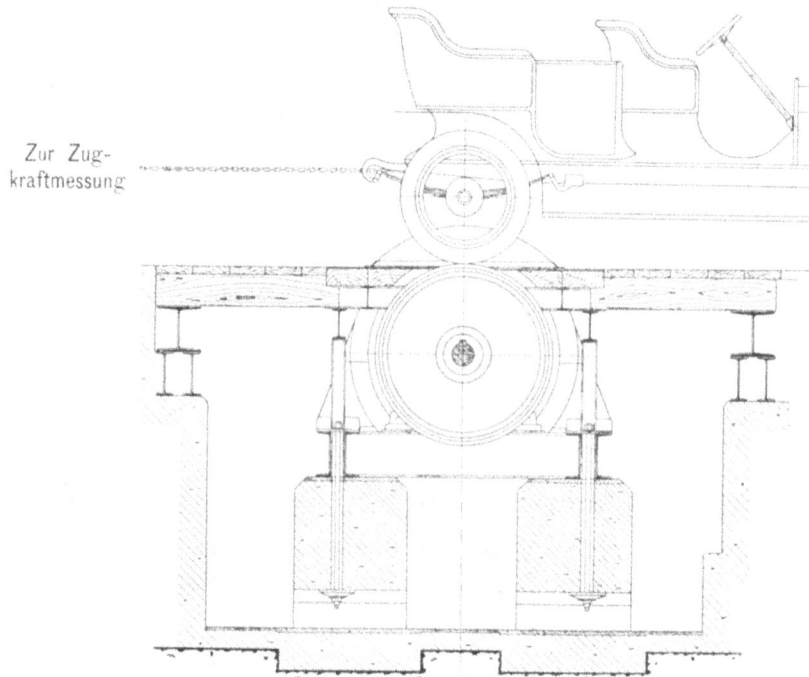

Maßstab 1:50.

Hinsichtlich des benutzten Prüfstandes seien deshalb hier vorläufig nur wenige Angaben gemacht:

Der Prüfstand besteht aus zwei Lauftrommeln (Bild 1), auf die veränderliche Spurweite der Wagenradachsen einstellbar; diese Trommeln sind getrennt ausgeführt, können aber durch eine Kupplung verbunden werden.

Jede dieser Trommeln ist mit je einer mechanischen Bremse und je einer Bremsdynamo (Gleichstromdynamo mit Fremderregung) unmittelbar gekuppelt. Die Eigenwiderstände, aber auch die Formveränderungen sind in allen Teilen auf das erreichbare Minimum gebracht.

Die Belastung des Prüfstandes erfolgt entweder durch die mechanischen Bremsen oder durch eine der beiden Dynamomaschinen (zur Untersuchung kleiner und mittlerer Wagen) oder durch beide Dynamo-

maschinen (für große Wagen). Als Belastungswiderstand für die Dynamomaschinen dienen Glühlampen, die in beliebiger Zahl zu- und abgeschaltet werden können.

Diese Dynamomaschinen, als Elektromotoren geschaltet, können die
Trommeln und damit den Wagen treiben. Die Dynamos sind von besonderer
Bauart und hoher Überlastungsfähigkeit, sodaß der Prüfstand für die Unter-
suchung von Wagen mit etwa 120 PS Leistung ausreicht.

Das Ganze ist, entsprechend den hohen dynamischen Beanspruchungen, auf durchlaufenden Eisenträgern und zuverlässigen Fundamenten
gelagert (Bild 2 und 3).

Klemmenspannung und Ankerstrom werden mit geeichten
Volt- und Amperemetern gemessen, diese Angaben aber auch gleichzeitig
durch selbstregistrierende Präzisionsinstrumente laufend aufge-
zeichnet.

Die Zugkraft wird entweder durch Dynamometer oder durch
Manometer und Meßdosen von besonderer Bauart gemessen.

Die Meßinstrumente, wie sie von Spezialfabriken geliefert wurden,
waren für Messungen an Kraftwagen unbrauchbar, hauptsächlich wegen der
unvermeidlichen dynamischen Nebenwirkungen und Stoßkräfte im Kraft-
wagenbetriebe. Alle Instrumente mußten erst im Laboratorium vervoll-
kommnet und dem besonderen Zwecke angepaßt werden, was mehrjährige
Vorarbeit notwendig machte.

Schließlich wurde erreicht, daß alle wesentlichen Fehler beseitigt
wurden und Zugkraftmessungen trotz der schwierigen Verhältnisse mit
großer Genauigkeit durchgeführt werden können.

Während und nach jedem Versuch werden die Meßinstrumente ge-
eicht, insbesondere die Dynamometer, um Fehler infolge elastischer
Nachwirkung der Dynamometerfedern berücksichtigen zu können.

Während aller Messungen muß auf dem Prüfstande der Beharrungszustand hergestellt werden, der dem praktischen Fahrbetriebe
entspricht. Hierzu waren besondere Vorkehrungen notwendig, die schließlich vollständig zu dem Ziele geführt haben: daß die dynamischen
Nebenwirkungen im Wagen, seine Schwingungen in jeder Raum-
richtung, während der Prüfung sich frei entwickeln können, und daß

dennoch genau gemessen werden kann. Hierüber wird später ausführlicher berichtet werden. Vorläufig sei nur erwähnt:

Es muß z. B. damit gerechnet werden, daß die Räder in Wirklichkeit weder gleichen Durchmesser noch gleichen Widerstand besitzen. Dadurch werden, im Zusammenhange mit der Fahrbahn, Nebenwirkungen erzeugt und Ausgleichskonstruktionen notwendig (Federn, Differenziale usw.), die auch auf dem Prüfstande genau wie im wirklichen Betriebe mitarbeiten müssen. Auch die sonstigen Nebenwirkungen müssen, ebenso wie bei der wirklichen Wagenfahrt auf ebener Straße, unverändert auftreten; sie dürfen nicht unterdrückt, nicht gedämpft werden.

Dann verhalten sich die Wagen auf dem Prüfstande ganz gleichartig wie im praktischen Fahrbetriebe. Bei allen Untersuchungen kann der Einfluß der Schwingungen mit wachsender Fahrgeschwindigkeit und darauf folgender Beruhigung bei sehr hohen Geschwindigkeiten nachgewiesen und geprüft werden. Bei gewöhnlicher Straßenfahrt ist auf die Wiederberuhigung nicht immer zu rechnen, weil die notwendigen hohen Fahrgeschwindigkeiten nur auf dem Prüfstande, nicht aber auf der Straße nach Wunsch beherrschbar sind.

Zur Lösung aller hiermit zusammenhängenden Aufgaben hat es ebenfalls mehrjähriger mühsamer Vorbereitungen und Vorversuche bedurft.

Die Untersuchungen auf dem Prüfstande wurden zunächst mit einem E l e k t r o m o b i l begonnen, um den Prüfstand und die Instrumente zu eichen. Dann wurde die Untersuchung g r o ß e r W a g e n und R e n n w a g e n aufgenommen, um Grenzwerte feststellen zu können. Seitdem werden Versuche verschiedenster Art planmäßig durchgeführt. Auf S. 40 sind mehrere dieser in Ausführung begriffenen oder vorbereiteten Versuche angegeben.

Die zunächst erscheinenden Veröffentlichungen sollen über einige normale Versuche berichten. Diesen Berichten muß eine kurze a l l g e m e i n e Ü b e r s i c h t ü b e r d i e a n g e w e n d e t e n V e r s u c h s - u n d A u s w e r t u n g s m e t h o d e n vorangehen.

Das Ziel der Kraftwagen-Versuche ist naturgemäß:

die Energieerzeugung und den Verbrauch, sowie die charakteristischen Eigenschaften der untersuchten Kraftwagen unter den praktischen Fahrbedingungen der Wirklichkeit entsprechend zu ermitteln und

die Gesamtergebnisse der Versuche übersichtlich festzulegen:

in Fahrdiagrammen (Bild 4 u. 5) und

in Energiediagrammen (Bild 6).

Solche Diagramme geben die Grundlage für die Wagen- und Fahrtbeurteilung, sowie für allgemeine Schlußfolgerungen über Energieverteilung im untersuchten Triebwerk und Wagen und auch über wesentliche Teile der wirtschaftlichen Wertung. Die Fragen des Automobilisten:

„Was leistet der Kraftwagen bei den einzelnen Geschwindigkeitsgängen?" und „Wie nimmt er die Steigungen?" können durch

Fahrdiagramme (Bild 4 u. 5)

erschöpfend beantwortet werden. In diesen sind zunächst für alle Geschwindigkeiten und Schaltgänge des Vorwärtslaufs darzustellen:

die Nutzleistungen des Motors,

die Getriebeverluste,

die Hinterrad-„Felgenleistung",

die Radreifenverluste der Hinterräder,

die Verluste der Vorderräder,

die Leistungen der Hinterräder auf der Fahrbahn, sowie

die Überschußleistungen des Wagens.

Werden in das Fahrdiagramm die Steigungskurven (Bild 5) eingetragen, so wird ein anschauliches Bild gewonnen über den Steigungsbereich des Wagens, der bei Dauerfahrt durch die einzelnen Schaltgänge des Triebwerkes beherrscht wird.

Bild 4.

Fahrdiagramm eines 100 PS-Rennwagens.

Motor- und Wagen-Nutzleistung für den IV. (direkten) Schaltgang.

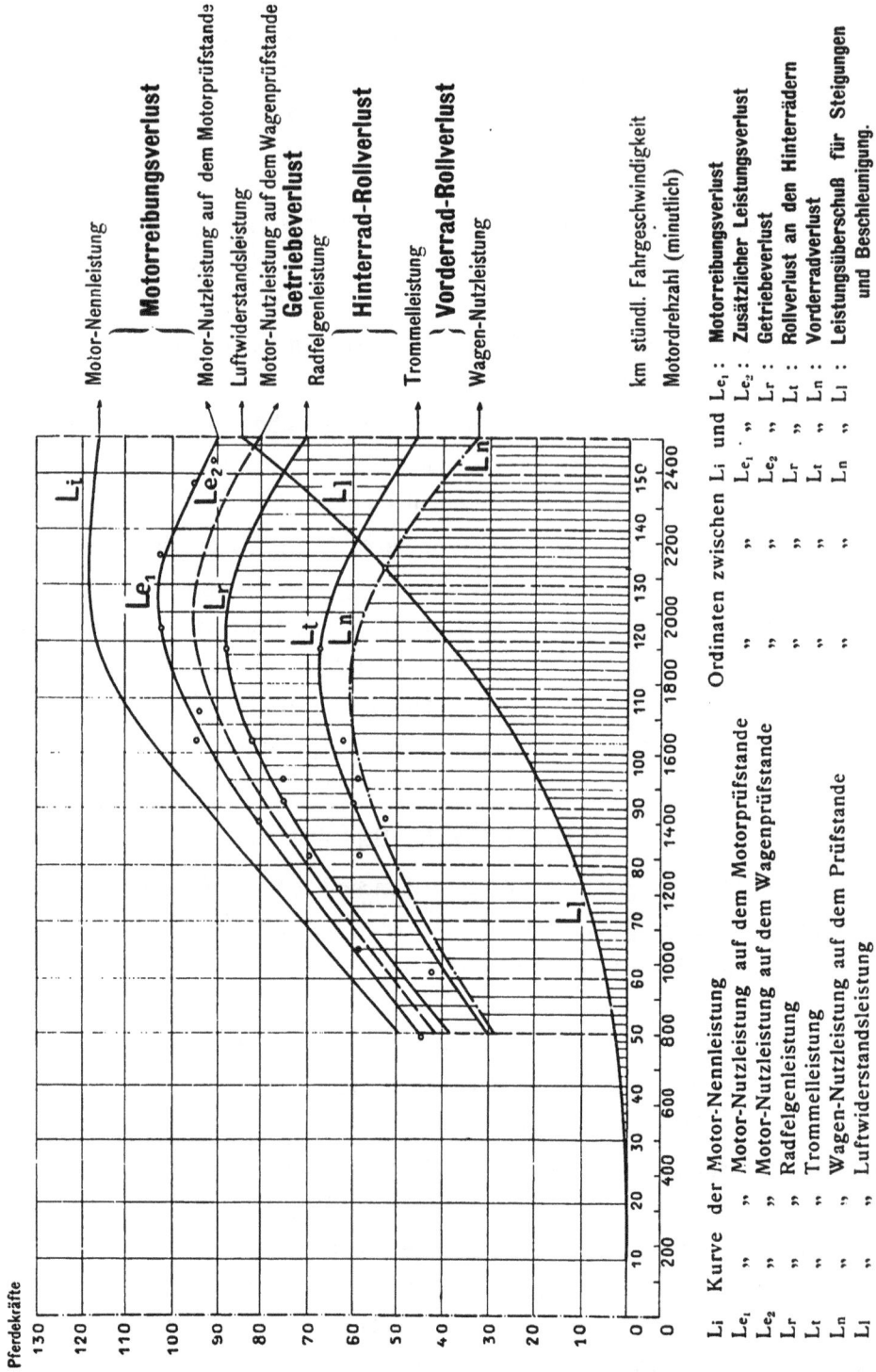

Pferdekräfte

Motor-Nennleistung

Motorreibungsverlust

Motor-Nutzleistung auf dem Motorprüfstande
Luftwiderstandsleistung
Motor-Nutzleistung auf dem Wagenprüfstande
Getriebeverlust
Radfelgenleistung

Hinterrad-Rollverlust

Trommelleistung
Vorderrad-Rollverlust
Wagen-Nutzleistung

km stündl. Fahrgeschwindigkeit
Motordrehzahl (minutlich)

L_i
L_{e_1}
L_{e_2}
L_r
L_t
L_n
L_l

L_i Kurve der Motor-Nennleistung
L_{e_1} „ „ Motor-Nutzleistung auf dem Motorprüfstande
L_{e_2} „ „ Motor-Nutzleistung auf dem Wagenprüfstande
L_r „ „ Radfelgenleistung
L_t „ „ Trommelleistung
L_n „ „ Wagen-Nutzleistung auf dem Prüfstande
L_l „ „ Luftwiderstandsleistung

Ordinaten zwischen L_i und L_{e_1}: **Motorreibungsverlust**
„ „ L_{e_1} „ L_{e_2}: **Zusätzlicher Leistungsverlust**
„ „ L_{e_2} „ L_r: **Getriebeverlust**
„ „ L_r „ L_t: **Rollverlust an den Hinterrädern**
„ „ L_t „ L_n: **Vorderradverlust**
„ „ L_n „ L_l: **Leistungsüberschuß für Steigungen und Beschleunigung.**

Bild 5. Steigungsdiagramme
eines 30 PS-Wagens (3 Schaltgänge).

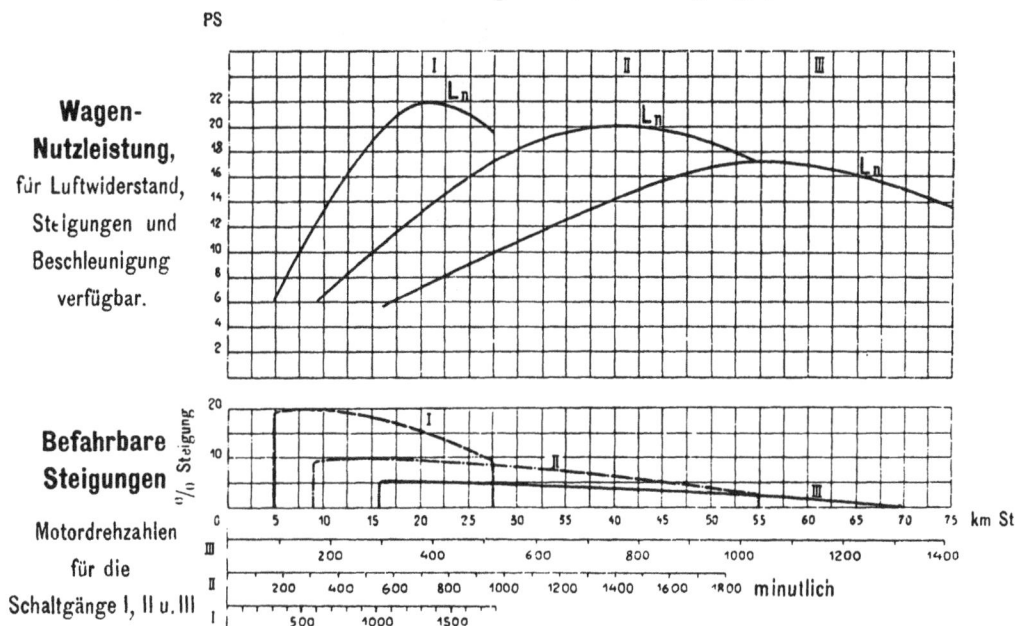

Wagen-Nutzleistung, für Luftwiderstand, Steigungen und Beschleunigung verfügbar.

Befahrbare Steigungen

Motordrehzahlen für die Schaltgänge I, II u. III

Energiediagramme

stellen die Einnahme, Ausgabe und Verluste an Energie, sowie den dann noch verfügbaren Energiebetrag graphisch dar und geben so ein charakteristisches Bild der Brennstoff-Ausnutzung der untersuchten Wagen. Die aus den Energiediagrammen gewonnene Erkenntnis der Energieverteilung im Kraftwagen ist eines der Mittel zur Beurteilung seiner wirtschaftlichen Vervollkommnung. Hieraus ergeben sich für den Fachmann die Anhaltspunkte für wesentliche Verbesserungsmöglichkeiten.

Die Energiediagramme müssen für eine bestimmte Fahrgeschwindigkeit aufgestellt werden. Bestimmend sind: Motorleistung, Wagen-Nutzleistung und spezifischer Brennstoffverbrauch bei den einzelnen Fahrgeschwindigkeiten. Als maßgebende charakteristische Fahrgeschwindigkeit ist diejenige zu bezeichnen, bei welcher die beste Ausnutzung des Wagens erzielt wird, wobei Brennstoffverbrauch und Fahrzeit zu werten sind.

Bild 6.

Energiediagramm eines 30 PS-Wagens

für 60 km stündl. Fahrgeschwindigkeit,

bezogen auf den

ursprünglichen Energiewert des Benzins (100 %).

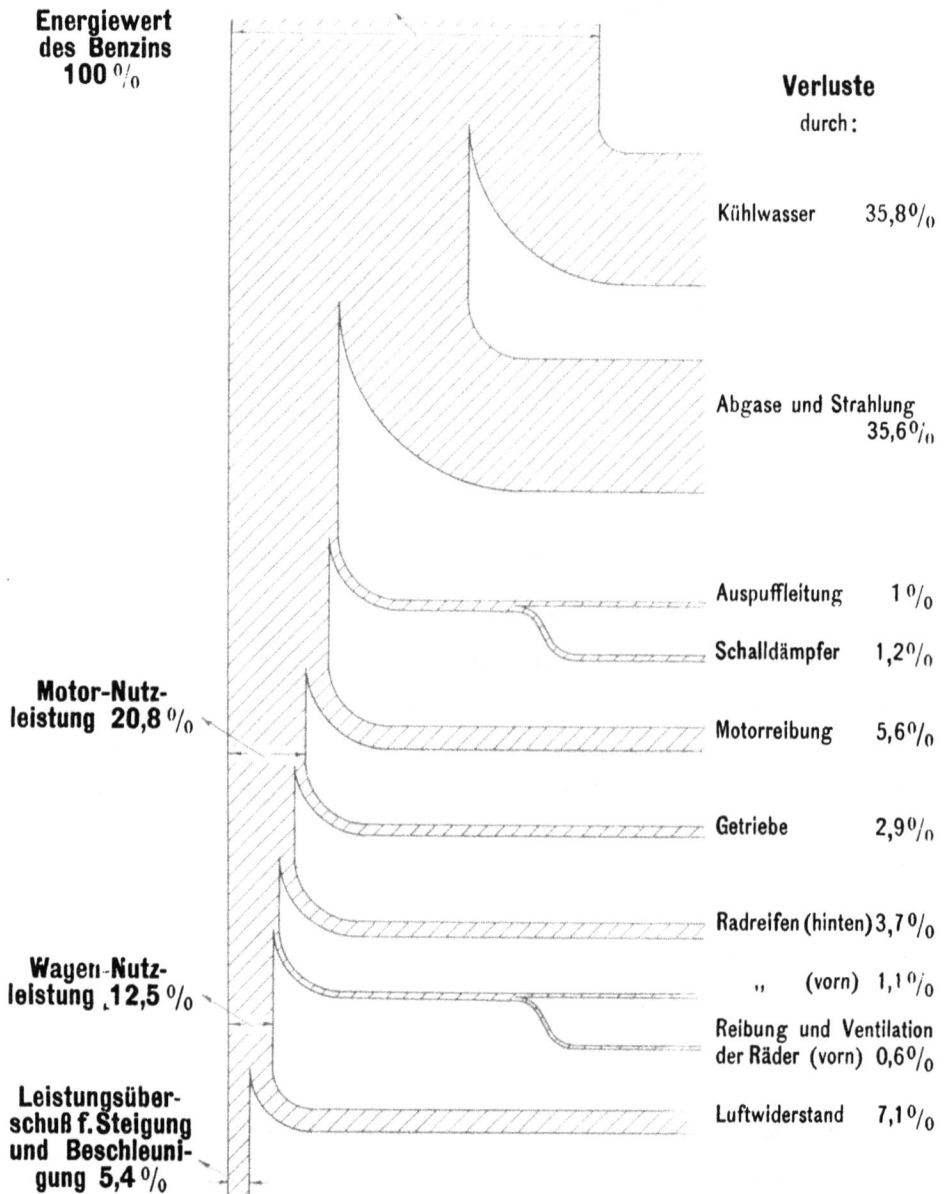

Energiewert des Benzins 100 %

Verluste durch:

Kühlwasser 35,8 %

Abgase und Strahlung 35,6 %

Auspuffleitung 1 %

Schalldämpfer 1,2 %

Motor-Nutzleistung 20,8 %

Motorreibung 5,6 %

Getriebe 2,9 %

Radreifen (hinten) 3,7 %

Wagen-Nutzleistung 12,5 %

„ (vorn) 1,1 %

Reibung und Ventilation der Räder (vorn) 0,6 %

Leistungsüberschuß f. Steigung und Beschleunigung 5,4 %

Luftwiderstand 7,1 %

Diese Voraussetzung ist um so mehr berechtigt, als dabei zugleich annähernd auch die höchste Motorleistung zugrunde gelegt wird.

Die Energiediagramme sind doppelt aufzustellen: einmal für den Energiewert des z u g e f ü h r t e n B r e n n s t o f f s (100%) als Ausgangspunkt (Bild 6)

und dann für die gemessene M o t o r - N u t z l e i s t u n g b e i f r e i e m A u s p u f f (ohne Schalldämpfung und Auspuffleitung).

Wird die Energieverteilung auf den zugeführten Brennstoff bezogen, dann veranschaulicht das Energiediagramm den w i r t s c h a f t l i c h e n W e r t d e s B e t r i e b e s hinsichtlich Brennstoffausnutzung.

Die Energieverteilung, auf die Motor-Nutzleistung bezogen, kennzeichnet den wirtschaftlichen Wert des Wagens im gewöhnlichen Sinne des Maschinen - T r i e b w e r k s.

Ziel und Wesen der planmäßigen Versuche mit Kraftwagen ist daher:

F a h r d i a g r a m m e den w i r k l i c h e n Fahrbedingungen entsprechend aufzustellen, um daraus

die maßgebenden F a h r e i g e n s c h a f t e n der Wagen zu erkennen,

ferner:

den E n e r g i e f l u ß zuverlässig zu ermitteln und durch E n e r g i e d i a g r a m m e darzustellen, um die Brennstoffausnutzung der Wagenbetriebe festzustellen.

Schließliches Ziel ist:

eine sachlich b r a u c h b a r e W e r t u n g d e r K r a f t w a g e n zu ermöglichen und für diese Wertung richtige V e r g l e i c h s - m a ß s t ä b e zu schaffen.

Nur durch genaue, umfassende Prüfstandversuche können brauchbare Unterlagen und Vergleichsmaßstäbe für die

W e r t u n g d e r K r a f t w a g e n

gewonnen, kann diese Wertung der zum Teil willkürlichen oder rein subjektiven Schätzung entzogen und im Laufe der Zeit auf eine sichere Grundlage gestellt werden.

Wertzahlen

für die Wagenbeurteilung

(Brennstoffwirkungsgrad, Benzinverbrauch, s p e z i f i s c h e Leistungen: Nutzleistung, Motorreibung, Überschußleistung, Steigungs- und Beschleunigungsvermögen usw.).

Kraftwagen wurden bisher nach ihren inneren Vorgängen nicht wirklich g e w e r t e t; es fehlte sogar der Anfang hierzu: die Feststellung der w i r k l i c h e n Leistung und der V e r l u s t e in Motor und Wagen.

Bisher wurden Kraftwagen entweder nach unzulänglichen Formeln k l a s s i f i z i e r t (Rennvorschriften, Steuerformel) oder nach einzelnen willkürlich herausgegriffenen Fahreigenschaften s u b j e k t i v beurteilt.

Die Wertung erfolgt noch immer nur durch W e t t r e n n e n, bei denen es einseitig nur auf Geschwindigkeits-„Rekorde" ankommt, oder durch K o n k u r r e n z f a h r t e n, bei denen in längerer Fahrt überwiegend die Geschwindigkeitsleistung maßgebend ist, während die sonstigen Anforderungen hinsichtlich Zuverlässigkeit des Fahrbetriebs sich auf das beschränken, was von einem guten Wagen gegenwärtig schon als selbstverständlich gefordert werden muß.

Sobald in diese Fahrten, wie üblich, kurze R e n n e n e i n g e - s c h o b e n werden, entscheidet nur die Geschwindigkeitsleistung, und nur die einseitigen Spezialwagen können bei der Entscheidung Erfolg haben.

Bei allen diesen Veranstaltungen, die so außerordentlich großen Einfluß auf die W e r t u n g d e r K r a f t w a g e n i n d e r Ö f f e n t l i c h k e i t ausüben und den Ruf von „Marken" begründen, werden stets die persönlichen und Nebeneinflüsse mitgewertet.

Dabei wird bei der Wertung nach einem willkürlichen, daher subjektiven „Punktsystem" verfahren, das bei aller Klügelei doch nur willkürliche Schätzung ergibt. Durch „gute" und „Strafpunkte" können die für den praktischen Fahrbetrieb m a ß g e b e n d e n e i n z e l n e n E i g e n - s c h a f t e n des Kraftwagens überhaupt nicht ausgedrückt werden.

Rennwagen werden nach einzelnen Motorabmessungen eingeteilt, ohne Feststellung der wirklichen Motor- oder Wagenleistung, weil diese Ermittlung zu umständlich wäre, und weil es sich in der Regel nur um G e - s c h w i n d i g k e i t s w e r t u n g handelt. Die Absicht der Veranstalter ist alsdann, die Fabriken zu veranlassen, durch besondere Konstruktionen, die nur für das Rennen bestimmt sind, zu zeigen, was aus diesen S p e z i a l - w a g e n herauszuholen ist, wobei diese von der laufenden Fabrikation oft völlig verschieden sind. So werden seit vielen Jahren, mit riesigen Aufwendungen, auch Vervollkommnungen nur nach dieser Prüfungsart gewertet. Die notwendige technische Wirkung ist stets, daß die besonderen Prüfungswagen dem jeweiligen Prüfungsprogramm angepaßt werden, daß die Konstrukteure insbesondere die Lücken des Programmes sich zunutze machen müssen, gleichgiltig, ob dann ein wirklicher Fortschritt erreicht ist oder nicht. Diese Wettbewerbe haben der ersten Entwicklung außerordentlich gedient, sie haben insbesondere eine zwar kostspielige, aber wirksame Materialerprobung gewährt. Die erste rasche Entwicklung ist nur auf diesem Boden erfolgt. Aber eine d e r a r t i g e P r ü f u n g s m e t h o d e k a n n k e i n B i l d von dem w i r k l i c h e n, dem G e b r a u c h s w e r t d e r W a g e n geben.

So werden die Rennwagen noch immer nach angenommenen Formeln beurteilt, bei jedem Rennen nach anderen, wobei die wirkliche Leistung außer Betracht bleibt und selbst in den Formeln wesentliche Faktoren, die die Leistung mitbestimmen, wie Zylinderhub oder minutliche Drehzahl der Motoren, fehlen.

Personenwagen werden meist nur nach einzelnen — willkürlich bevorzugten — F a h r e i g e n s c h a f t e n s u b j e k t i v beurteilt, gewöhnlich nur nach Höchstgeschwindigkeit, Beschleunigungskraft des Wagens, Wirkung der Federn, Art und Größe der Karosserie usw. —

Fahrdiagramme sind bisher als Unterlage für die Vorausberechnung von Kraftwagen aufgestellt worden, aber nicht entsprechend der Wirklichkeit, sondern als Kraft-, Geschwindigkeits- und Steigungskurven, die aus K o e f f i z i e n t e n, Teilerfahrungen entsprechend, oder aus bloßen Annahmen errechnet sind.

Solche Diagramme sind ebenso wertlos wie die vorerwähnten subjektiven Meinungen; sie geben nur das, was in den unvollständigen Rechnungsgrundlagen, in den Koeffizienten, a n g e n o m m e n wurde, nicht aber den w i r k l i c h e n F a h r z u s t a n d. Die Diagramme hingegen, die auf Grund richtiger M e s s u n g e n a u f d e m P r ü f s t a n d e aufgestellt sind, zeigen das w i r k l i c h e Verhalten des rollenden Wagens bei den verschiedenen Fahrgeschwindigkeiten und Steigungen. Die Leistungen eines solchen Wagens, während der F a h r t auf der S t r a ß e nachgeprüft, stimmen genau mit den Angaben dieser richtigen Fahrdiagramme überein.

Bild 7 zeigt ein auf Grund von Koeffizienten errechnetes „theoretisches" Diagramm, wie es in Fabriken für Vorausberechnungen benutzt wird, wenn überhaupt gerechnet wird.

Die Kurven I—IV veranschaulichen die Zugkräfte für die vier Schaltgänge. W ist die Kurve des mit der Fahrgeschwindigkeit steigenden Fahrwiderstandes in der Ebene. Die unteren Kurven zeigen die für die vier Schaltgänge „berechneten" befahrbaren Grenzsteigungen.

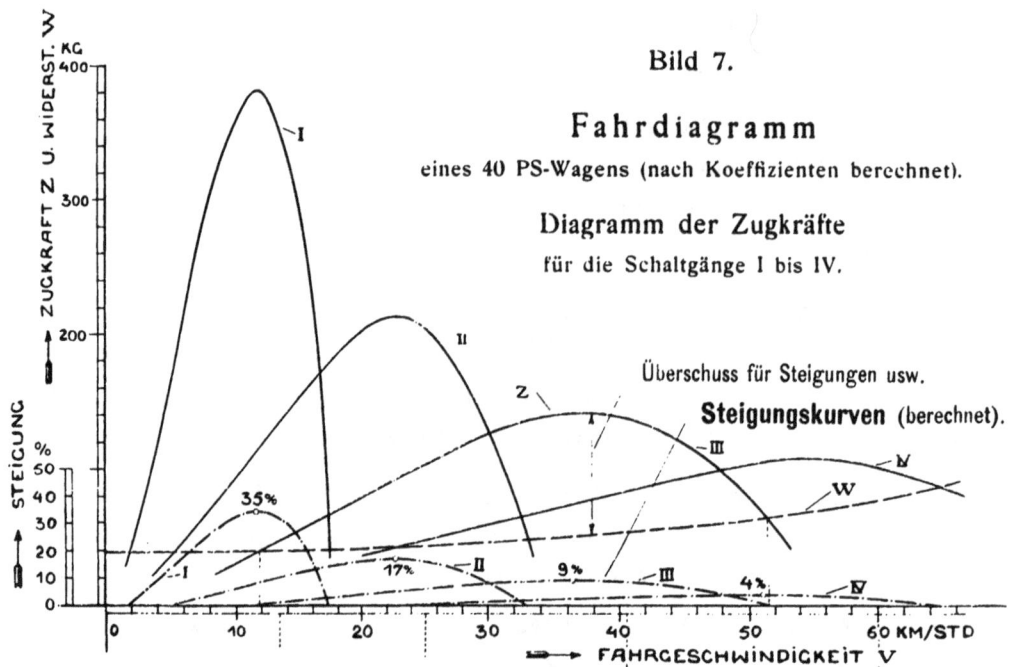

Bild 7.

Fahrdiagramm

eines 40 PS-Wagens (nach Koeffizienten berechnet).

Diagramm der Zugkräfte

für die Schaltgänge I bis IV.

Überschuss für Steigungen usw.

Steigungskurven (berechnet).

In Wirklichkeit sind alle Ergebnisse unrichtig. Die dargestellten Zugkräfte werden nicht erreicht, und die errechneten Höchststeigungen sind nicht befahrbar. Statt mit dem 1. Schaltgange 35 % Höchststeigung zu erreichen, wie das Diagramm angibt, hat der Wagen in Dauerfahrt nur 17 % Steigung überwinden können.

Die Schuld an so großen Abweichungen von der Wirklichkeit trifft nicht die Rechnung, sondern die unrichtigen Rechnungsgrundlagen. Da diese in Form von Koeffizienten überliefert sind, sehen auch die berechneten Diagramme einander äußerst ähnlich. Die wirklichen Fahrdiagramme hingegen, aus den Prüfstandsmessungen ermittelt, zeigen für jeden Wagen seine charakteristischen Eigenschaften; sie kennzeichnen das Tatsächliche und alle wesentlichen Fahreigenschaften des Wagens.

Die Notwendigkeit genauer und umfassender Untersuchung von Kraftwagen auf Prüfständen und die Notwendigkeit, richtige Fahrdiagramme aufzustellen, ergibt sich aus der wiederholt bestätigten Tatsache, daß beste Wagen, aus den ersten Fabriken und aus den Händen ihrer besten Fahrer übernommen, auf dem Prüfstande Fehler zeigten, die vorher trotz sorgfältiger Probefahrten unbemerkt geblieben waren.

Richtige und vollständige Prüfstandversuche ermöglichen es hingegen: richtige Fahr- und Energiediagramme aufzustellen, auf Grundlage der Meßwerte zuverlässige Wertungszahlen zu ermitteln und auch für die wirtschaftliche Beurteilung der Wagen einen richtigen Maßstab zu finden.

So lassen sich auf Grund der Prüfstandversuche ermitteln:

1. Der Brennstoff-Wirkungsgrad
des Motors und des Kraftwagens

bei verschiedenen Fahrgeschwindigkeiten. Er ergibt eine Vervollständigung der Energiediagramme und zeigt die Abhängigkeit der Brennstoffausnutzung von der Fahrgeschwindigkeit.

2. Der Benzinverbrauch für 100 km Weg

bei verschiedenen Fahrgeschwindigkeiten. Er läßt sich für die Fahrt in der Ebene mit direktem Gang darstellen, und diese Übersicht wird dem Fachmann wie dem Wagenbesitzer die Frage beantworten:

2

Welche Fahrgeschwindigkeit ist für den betreffenden Wagen hinsichtlich Brennstoffverbrauchs die billigste?

Der Brennstoffverbrauch bei großen und kleinen Wagen, bei gleichen Fahrgeschwindigkeiten, wurde bisher auf Grund von Probefahrten summarisch ermittelt. Ein richtiger Vergleichsmaßstab kann nur durch Gesamtversuche, unter Wahrung der praktischen Betriebsbedingungen, gewonnen werden.

3. Die spezifische Nutzleistung des Motors
(Motor-Nutzleistung für die Einheit — Liter — des Hubvolumens).

Diese Grundlage ermöglicht den Vergleich der Leistungsfähigkeit von Motor und Vergaser, abhängig von der Motordrehzahl und unabhängig von der Motorgröße (Zylinderzahl und Hubvolumen), und gibt einen Maßstab für die Ausnutzung des Hubvolumens verschiedener Motoren gleicher Leistung und Drehzahl. Der Fachmann kann außerdem die Übersicht gewinnen über die Leistungsfähigkeit, abhängig von: Motorreibung, Ansauge- und Ausschubverlusten, angesaugtem Ladegewicht, weiter abhängig von der Steuerung der Motoren, der Anordnung und den Querschnitten dieser Steuerung, der Gemischbildung, sowie der Vollkommenheit der Verbrennung.

Versuche in dieser Richtung sind dringend notwendig und würden mühsames, kostspieliges Probieren entbehrlich machen. Natürlich kann sichere Erkenntnis erst nach langen, planmäßigen Versuchen gewonnen werden, um dem Fachmann wie dem Interessenten die Vor- und Nachteile jeder Bauart zu zeigen.

Der spezifische Motorreibungsverlust
für die Einheit — Liter — des Hubvolumens

ermöglicht, im Zusammenhange mit der spezifischen Motor-Nutzleistung, den Vergleich von Motoren bei verschiedenen Drehzahlen hinsichtlich Güte ihrer mechanischen Ausführung, Wirkung der Schmierung usw., also hinsichtlich ihres mechanischen Betriebszustandes, unabhängig von der Motorgröße.

Für die unmittelbare Beurteilung ist der spezifische mittlere Arbeitsdruck auf den Motorkolben und der Betriebs-Wirkungsgrad des Motors, d. i. das Verhältnis der Motor-Nutzleistung zur Nennleistung, heranzuziehen. Hierbei ist aber nur mit Werten zu rechnen, die an Motor und Wagen g e n a u g e m e s s e n werden können. I n d i k a t o r messungen der sogenannten „i n d i z i e r t e n" Motorleistung gehören nicht zu den hier brauchbaren Messungen. Hinsichtlich Ermittlung der „N e n n leistung" gilt das S. 37 Festgestellte.

4. D i e s p e z i f i s c h e Ü b e r s c h u ß l e i s t u n g d e s K r a f t w a g e n s
(Überschußleistung, auf die Gewichtseinheit – Tonne – des betriebsfertigen Wagens bezogen)

bei verschiedenen Fahrgeschwindigkeiten und Schaltgängen. Daraus kann ermittelt und graphisch dargestellt werden:

d a s B e s c h l e u n i g u n g s v e r m ö g e n d e s W a g e n s (m/sec^2) bei den verschiedenen Schaltgängen und Fahrgeschwindigkeiten in der Ebene. Auf diesen Grundlagen kann beurteilt werden:

die G ü t e d e s W a g e n s hinsichtlich seiner L e i s t u n g s - f ä h i g k e i t,

die W a g e n l e i s t u n g, abhängig von Motorleistung, Regulierfähig- keit, Eigenverbrauch des Wagens, Getriebeübersetzung und Luftwiderstand, dagegen unabhängig von der Größe der untersuchten Wagen.

Es können dann Wagen verschiedenster Bauart und Größe hinsichtlich ihrer Leistungsfähigkeit verglichen werden.

Somit können für den p r a k t i s c h e n F a h r b e t r i e b wichtige Eigenschaften des Wagens beurteilt werden, insbesondere seine

D u r c h z u g s - u n d B e s c h l e u n i g u n g s f ä h i g k e i t, in der Bezeichnungsweise der Praktiker meist „E l a s t i z i t ä t" des Wagens oder des Motors genannt.

Die rein subjektive Beurteilung dieser Eigenschaften seitens der Fahrer oder sachunkundigen Käufer ist manchmal für den Käufer, viel öfter jedoch für den Lieferanten von Nachteil gewesen. —

Auf diesen Grundlagen lassen sich dann wesentliche w i r t s c h a f t - l i c h e Fragen beurteilen.

Durch weitere Ausbildung der Versuche, durch besondere Dauerversuche wird es vielleicht auch gelingen, den g e s a m t e n   w i r t s c h a f t l i c h e n Fragen näher zu kommen und den

w i r t s c h a f t l i c h e n   W i r k u n g s g r a d,

die g e s a m t e Wagenausnutzung und den wirtschaftlichen Fahrbetrieb zu kennzeichnen, somit auch für R e i f e n k o s t e n, W a r t u n g und B e t r i e b s k o s t e n brauchbare Wertungsmaßstäbe aufzustellen.

Die w i r t s c h a f t l i c h e Beurteilung der Kraftwagen ist bisher nicht ausreichend behandelt worden, und immer noch werden die größten Anstrengungen und Kosten auf Grund einseitiger Geschwindigkeitswertung aufgewendet, obwohl inzwischen der durchschlagende Erfolg der früher sehr geringgeschätzten K l e i n w a g e n, den sie nur ihrer g r ö ß e r e n   W i r t s c h a f t l i c h k e i t verdanken, gewichtige Tatsache geworden ist.

In der w i r t s c h a f t l i c h e n   V e r v o l l k o m m n u n g liegt aber die Zukunft des Kraftwagens; ihr stehen als Hindernisse die Anschauungen vieler Fach- und Sportleute entgegen.

Selbst Fachleute erwidern auf die Tatsache, daß nur wenig über 10% der aufgewendeten Energie im Wagen Nutzarbeit leisten:
wirtschaftliche Vervollkommnung habe n u r mit dem Benzinverbrauch zu tun; wer ein Automobil kaufen könne, dem komme es auf Benzinersparnis nicht an.

Das heißt: Weil der Kraftwagen teuer ist, hat ein teurer Betrieb auch nichts zu sagen. Diese Auffassung ist selbst für gewöhnliche Reisewagen, für jede lange Fahrt schon falsch. Volkswirtschaftlich und auf Nutzwagen angewendet, ist sie sinnwidrig.

Dazu kommt die große Bedeutung der Verbrennungsmaschinen und Kraftfahrzeuge für a l l g e m e i n e   I n t e r e s s e n. Ihre wirtschaftliche Vervollkommnung übt Einfluß auf das gesamte Transportwesen, auf Schiffsbetriebe, Flugtechnik usw. Das sind gewaltige, zukunftsreiche Gebiete. Eine Lebensfrage aller Kraftfahrzeuge: ihre A b h ä n g i g k e i t von bestimmten Brennstoffen, von a u s l ä n d i s c h e n insbesondere, eine Abhängigkeit, die mit der fortschreitenden Entwicklung schwer ertragen werden kann, steht mit dem allgemeinen wirtschaftlichen Fortschritt gleichfalls im engsten Zusammenhang.

Alles dies spricht mit Nachdruck für die große Wichtigkeit der Bestrebungen, die Kraftwagen wirtschaftlich zu verbessern, was bisher bei den einseitigen Sport- und Geschwindigkeitsübertreibungen vernachlässigt worden ist. Diese Wichtigkeit braucht nicht einmal unterstrichen zu werden durch den Hinweis auf die wachsende Bedeutung des Kraftfahrwesens für Kriegszwecke und Kriegsvorbereitung. Viele Organisationen, welche die Großstaaten hierfür geschaffen haben, ruhen auf Ungewißheiten, solange nicht die wirtschaftlichen Leistungen auf den höchst erreichbaren Stand gebracht sind.

Versuchsverfahren.

In den nachfolgenden 10 Punkten sind die Versuchsverfahren für die wesentlichsten Feststellungen auf dem Kraftwagen-Prüfstande kurz angegeben und im Abschnitte „Rechnungs- und Ermittlungsverfahren", S. 29—34, näher begründet. Dieser letztere Abschnitt hat nur für diejenigen Fachleute Interesse, die sich näher mit Kraftwagenuntersuchungen beschäftigen.

Die vollständige Wagenuntersuchung, stets in Versuchsreihen (mindestens je 7) durchgeführt, umfaßt im wesentlichen folgende Ermittlungen:

1. Getriebeverluste zwischen Motor und Rädern.
2. Motorreibungsverluste mit Kompression.
3.   „   ohne   „
4. Motor-Nutzleistung, Benzinverbrauch und Kühlwasserwärme bei verschiedenen Fahrgeschwindigkeiten.
5. Motorleistung bei konstanter Drehzahl und verschiedener Regulierung der Brennstoffzuführung.
6. Vorderradverluste.
7. Benzinverbrauch für 100 km Fahrt in der Ebene bei verschiedenen Fahrgeschwindigkeiten.

    Aus diesen Versuchsreihen werden bestimmt:

    die Fahrdiagramme und Energiediagramme.
8. die spezifische Motor-Nutzleistung und der spezifische Motorreibungsverlust, bezogen auf die Einheit (Liter) des Zylinder-Hubvolumens, außerdem

    die mittleren spezifischen Arbeitsdrücke und der Betriebs-Wirkungsgrad.
9. die spezifische Überschußleistung des Wagens bei verschiedenen Fahrgeschwindigkeiten und Schaltgängen, bezogen auf die Einheit (Tonne) des betriebsfertigen Wagengewichts.
10. das Beschleunigungsvermögen des Wagens (m/sec^2) bei verschiedenen Fahrgeschwindigkeiten und Schaltgängen für die Fahrt in der Ebene.

    Die Gesamtergebnisse ermöglichen die Beurteilung des praktischen Fahrbetriebs.

1. Getriebeverluste

bei v e r s c h i e d e n e n F a h r g e s c h w i n d i g k e i t e n für die V o r -
w ä r t s g ä n g e des Wagens.

(Summe der Verluste im Geschwindigkeitswechselgetriebe, im Ge-
lenkwellen- oder Kettentriebe, im Ausgleichsgetriebe und Verlust
durch den Windwiderstand der Hinterräder.)

V e r f a h r e n :

Der Motor wird abgekuppelt und der zu untersuchende Geschwindig-
keitsgang eingeschaltet. Die als Elektromotor geschaltete Dynamomaschine
des Prüfstandes treibt die Hinterräder des Wagens an.

Hierbei werden gemessen:

die Klemmenspannung der Prüfstanddynamo, der Ankerstrom, die
Zugkraft des Wagens, die Drehzahlen der Lauftrommeln und der
Wagenräder (die Drehzahlen des Wagenmotors ergeben sich aus
der Getriebeübersetzung).

Der j e w e i l i g e G e t r i e b e v e r l u s t ergibt sich rechnerisch aus
den Meßwerten.

Die G e t r i e b e v e r l u s t e bei v e r s c h i e d e n e r L e i s t u n g
und konstanter Drehzahl des Motors werden ermittelt, indem der Benzin-
motor des Versuchswagens gegen einen g e e i c h t e n E l e k t r o m o t o r
ausgewechselt und der Wagen durch diesen elektrisch angetrieben wird.

2. Motorreibungsverluste

bei verschiedener Motordrehzahl mit Kompression im Motor.

V e r f a h r e n :

Für diese Versuchsreihen wird der d i r e k t e G a n g eingeschaltet
und der Motor zugekuppelt. Die Dynamomaschinen des Prüfstandes, als
Elektromotoren geschaltet, treiben wieder die Hinterräder des zu untersuchenden Wagens an.

Die Messungen werden einmal bei verschiedener Stellung der Reguliervorrichtung, dann bei abgenommener Ansaug- und Auspuffleitung vorgenommen.

Da die Reibungsverluste des Motors von seiner Erwärmung, der Zäh-
flüssigkeit und Temperatur des Schmieröls abhängig sind, so muß der
Motor vor Versuchsbeginn durch eigenen Antrieb auf seine normale Temperatur gebracht werden.

Aus den Meßwerten: Klemmenspannung und Ankerstrom, Drehzahl
des Prüfstandes und der Hinterräder und Wagenzugkraft, wird die
Trommelleistung des Prüfstandes und der Motorreibungsverlust unter
Berücksichtigung des Getriebeverlustes rechnerisch ermittelt.

3. Motorreibungsverluste

ohne Kompression.

Verfahren:

Wiederholung des vorherigen Versuchs mit dem Unterschiede, daß
die Deckel der Ventilkasten des zu untersuchenden Motors abgenommen
werden. Die Kompressions-, Ansauge- und Ausschubverluste fallen dadurch weg. Die Lager- und Kolbenreibungsverluste werden vermindert,
entsprechend den veränderten Belastungen bei fehlender Kompression.

Die gemessenen Motorreibungsverluste können dann als Funktion der
Drehzahl graphisch dargestellt werden. Diese so erhaltene Kurve kennzeichnet die Reibungsarbeit der umlaufenden Teile und der Kolben,
sowie den Energieaufwand für den Betrieb der Nebenteile des Motors:
Steuerungen, Magnetapparat, Kühlwasserpumpe und Ventilator.

Durch die Darstellung des s p e z i f i s c h e n M o t o r r e i b u n g s -
v e r l u s t e s im Zusammenhange mit den übrigen Motorwertzahlen
wird ein geeigneter Vergleichsmaßstab für die m e c h a n i s c h e G ü t e
einzelner zu vergleichender Maschinen erhalten.

4. Motorleistung

bei verschiedenen Motordrehzahlen,

B e n z i n v e r b r a u c h und abgeführte K ü h l w a s s e r w ä r m e.

Verfahren:

Der Wagenmotor treibt den Prüfstand, und dieser ist durch eine oder
beide Bremsdynamos belastet, wobei während der Fahrt der direkte
Schaltgang zum unmittelbaren Antrieb der Hinterräder eingeschaltet ist.

Nach Erreichung des Beharrungszustandes werden folgende Werte gemessen:

Klemmenspannung und Ankerstrom der Bremsdynamo, Zugkraft des Wagens, Drehzahl der Prüfstandtrommeln und der Hinterräder des Wagens, Kühlwassermenge, Eintritts- und Austrittstemperatur des Kühlwassers, sowie der Benzinverbrauch.

Aus den Meßwerten der Motorleistung und den schon ermittelten Getriebe- und Motorreibungsverlusten ergibt sich rechnerisch:

> die N u t z l e i s t u n g des Motors,
> die N e n n l e i s t u n g des Motors,
> die „R a d f e l g e n l e i s t u n g" des Wagens,
> der R o l l v e r l u s t der Hinterräder,
> der B e n z i n v e r b r a u c h insgesamt sowie spezifisch: einmal auf
> die Nutz-, einmal auf die Nenn-Pferdekraftstunde bezogen,
> die K ü h l w a s s e r w ä r m e insgesamt sowie spezifisch, einmal auf
> die Nutz-, einmal auf die Nenn-Pferdekraftstunde bezogen.

Der Vergleich des spezifischen Benzinverbrauchs und der spezifischen Kühlwasserwärme gibt unter Berücksichtigung der Auspuff- und Zündungsverhältnisse ein Bild der

> b e s t e n A u s n u t z u n g d e s K r a f t m i t t e l s i m M o t o r und
> d e r g e r i n g s t e n W ä r m e a b g a b e a n d a s K ü h l w a s s e r.

Die Wiederholung dieser Versuchsreihen ohne Messung der Kühlwasserwärme und des Benzinverbrauchs nach Beseitigung des S c h a l l d ä m p f e r s und der A u s p u f f l e i t u n g dient zur Feststellung der Strömungsverluste durch den A u s p u f f bei verschiedener Drehzahl des Motors, und zwar werden getrennt ermittelt:

> die Verluste in der A u s p u f f l e i t u n g m i t Schalldämpfer und
> „   „   „   „   „   o h n e   „

Auf diese Werte haben die Einzelheiten des wirklichen Fahrzustandes des Wagens keinen nennenswerten Einfluß; daher können sie am ausgebauten Motor auf dem besonderen M o t o r p r ü f s t a n d ermittelt werden.

Die Wiederholung der Versuchsreihe 4 für die übrigen Vorwärtsgänge ergibt für diese Schaltgänge in gleicher Weise die erforderlichen Einzelwerte.

Die ermittelten Teilwerte lassen sich in Schaubildern zusammenfassen, die eine vollständige Übersicht über den E n e r g i e f l u ß   v o m   M o t o r b i s   z u r   F a h r b a h n geben. —

D i e   H e i z w e r t b e s t i m m u n g   d e s   B e n z i n s erfolgt in der üblichen Weise durch Kalorimeter. Die Dichte wird durch Wägen gleicher Volumen Wasser und Benzin ermittelt.

5. Motorleistung bei konstanter Drehzahl und verschiedener Regulierung.

V e r f a h r e n :

Der Wagenmotor treibt den Prüfstand, wobei der direkte Gang eingeschaltet ist. Bei konstanter Drehzahl des Motors und verschiedener Stellung der Reguliervorrichtung werden Trommelleistung des Prüfstandes und Zugkraft des Wagens ermittelt.

Rechnerisch ergibt sich die „R a d f e l g e n l e i s t u n g" und unter Benutzung des Getriebeverlustes die N u t z l e i s t u n g des Motors.

Die Diagrammdarstellung hierzu gibt Aufschluß über die Stetigkeit bezw. über Mängel der ausgeführten Regulierung.

6. Vorderradverluste.

Während der Messung der Zugkraft muß der Einfluß der Vorderräder gänzlich ausgeschaltet werden, sonst würden die auf dem Boden stehenden Räder, infolge unvermeidlicher Bewegungen, Formveränderungen usw., die Messungen fälschen. Der Widerstand der Vorderräder muß besonders gemessen werden.

V e r f a h r e n :

Die Vorderräder des Wagens werden auf die Prüfstandtrommeln gestellt und durch Sperren der Steuerung gegen Verdrehen gesichert. Die Hinterräder sind dabei gegen axiale Verschiebung geschützt und stehen auf Kugellagerplatten, sodaß die freie Einstellung des Wagens während der Versuche gesichert ist. Die Dynamo des Prüfstandes ist als Motor geschaltet und treibt die Vorderräder an.

Aus den Meßwerten, der Trommelleistung des Prüfstandes und der Zugkraft des Wagens, werden rechnerisch ermittelt:

Rollverlust, Lagerreibungsverlust und Windverlust (Ventilationswiderstand der Räder).

Diese Teilverluste werden dann in Funktion der Fahrgeschwindigkeit dargestellt.

7. Benzinverbrauch für 100 km Fahrt
in der Ebene bei verschiedenen Fahrgeschwindigkeiten.

Verfahren:

Der Wagenmotor treibt den Prüfstand, wobei der direkte Gang eingeschaltet ist. Die Prüfstanddynamo wird so belastet, daß die Wagen-Nutzleistung gleich dem Luftwiderstandsverlust ist, also die Überschußleistung für Steigungen und Beschleunigung gleich Null ist. Die entsprechende Motorleistung wird durch die Brennstoffregulierung erreicht.

Der Benzinverbrauch bei verschiedenen Fahrgeschwindigkeiten wird gemessen und auf 100 km Fahrt umgerechnet. Das Ergebnis wird als Funktion der Fahrgeschwindigkeit graphisch dargestellt. —

Die Eigenwiderstände des Prüfstandes und dessen Wirkungsgrad bei Dynamobetrieb und bei Motorbetrieb werden durch Auslaufversuche genau ermittelt und bei jedem der vorerwähnten Versuche kontrolliert. Hierüber wird Näheres im besonderen Berichte über den Prüfstand angegeben werden. —

Die in den Versuchsreihen gewonnenen Teilwerte werden zur Aufstellung der

Fahrdiagramme

benutzt.

Zu diesem Zwecke werden die Motor-Nutzleistungen, die Radfelgen- und Trommelleistungen als Funktion der Fahrgeschwindigkeit bei den verschiedenen Geschwindigkeits-Schaltgängen aufgetragen. Ein Teil der Trommelleistung, der an den Hinterrädern unverbraucht abgegebenen Energie, dient zur Deckung der Vorderradverluste. Diese besonders ermittelten Vorderradverluste sind im Fahrdiagramm von der Trommelleistung abzuziehen (Bild 4).

Die Nutzleistungskurven der verschiedenen Geschwindig-keitsgänge stellen also die überschüssige Energie dar, die bei verschiedenen Fahrgeschwindigkeiten durch Überwindung des Luft-widerstandes und der Steigungen verbraucht werden kann.

Somit können durch die Kurven des Fahrdiagramms für jeden Teil der Fahrt festgestellt werden:

Motorleistung, Getriebeverluste, Rollverlust der Hinterräder, Verlust der Vorderräder und Überschußleistung für Luftwiderstand und Steigungen.

Der Luftwiderstand kann für verschiedene Fahrgeschwindig-keiten mit den bisher bekannten Versuchseinrichtungen unmittelbar nicht festgestellt werden. Die Studien für eine brauchbare Meßvorrichtung sind im Gange und sehen eine Kugelführung für den jeweiligen Wagenaufbau samt Kotflügeln usw. vor, wobei Meßdosen für die unmittelbare Messung der Windschubkraft während der Fahrt dienen.

Vorläufig ist der Luftwiderstand nach den Erfahrungen des Lokomo-tivbetriebs berechnet und in das Fahrdiagramm (Bild 4) eingetragen. Wird er von der Wagen-Nutzleistung abgezogen, so stellt der Rest die für Steigungen und Beschleunigung verfügbare Energie dar.

Im Schnittpunkte der Kurven ist das Restglied = 0 und der ganze Überschuß für Luftwiderstandsleistung aufgebraucht; hier ist also die Höchstgeschwindigkeit bei ebener Fahrt für den betreffenden Schaltgang erreicht.

Liegt dieser Schnittpunkt außerhalb des zulässigen Drehzahlbereichs des Motors, so ist die Höchstgeschwindigkeit des betreffenden Schaltganges durch die zulässige höchste Motordrehzahl bestimmt. In diesem Falle wird der Motor bei Fahrten in der Ebene schlecht ausgenutzt.

Die mit den einzelnen Schaltgängen fahrbare kleinste Geschwindigkeit ist durch die niedrigste Motordrehzahl bestimmt.

Aus der Überschußleistung läßt sich die bei der zugehörigen Fahr-geschwindigkeit befahrbare größte Steigung ermitteln.

Diese für die zugehörigen Fahrgeschwindigkeiten aufgetragen, gibt die Steigungskurven der einzelnen Schaltgänge (Bild 5).

Die Energiediagramme

gehen aus vom Energiewert (Wärmeinhalt) E des Brennstoffs, der bei der maßgebenden charakteristischen Fahrgeschwindigkeit verbraucht wird.

E wird zu 100 % Wert eingeführt und alle Leistungen und Verluste in Prozentualwerten in einem Energieflußdiagramm (Bild 6) übersichtlich dargestellt.

In ähnlicher Weise werden Leistungen und Verluste prozentual auf die Motor-Nutzleistung (bei freiem Auspuff) bezogen.

Die graphischen Darstellungen zeigen dann die zur Überwindung der Widerstände im Getriebe, an den Hinter- und Vorderrädern, sowie in der Auspuffleitung und im Schalldämpfer erforderliche Leistung, somit den

Eigenverbrauch des Wagens.

8. Spezifische Nutzleistung des Motors.

Die nach Seite 22 ermittelte Motornutzleistung (bei gedämpftem Auspuff), dividiert durch das Hubvolumen und die Zylinderzahl, wird als Funktion der Motordrehzahl dargestellt.

Der spezifische Motorreibungsverlust
wird aus den Motorreibungsverlusten (S. 21) durch Division durch Zylinderzahl und Hubvolumen ermittelt und in Funktion der Motordrehzahl dargestellt.

Die mittleren spezifischen Arbeitsdrücke
werden aus der Motor-Nutz- und Nennleistung durch Division durch Zylinderzahl, Hubvolumen und Drehzahl ermittelt und in Funktion der Motordrehzahl dargestellt.

Der Betriebswirkungsgrad des Motors
als Quotient der Motor-Nutz- und Nennleistung wird abhängig von der Motordrehzahl dargestellt.

9. Spezifische Ueberschußleistung des Wagens.

Aus dem Fahrdiagramm werden die Überschußleistungen (Wagen-Nutzleistung abzüglich Windverlust) für verschiedene Fahrgeschwindigkeiten und Schaltgänge entnommen und durch das Eigengewicht (in t) des betriebsfertigen Wagens dividiert.

Das Ergebnis wird als Funktion der Fahrgeschwindigkeit graphisch dargestellt.

10. Das Beschleunigungsvermögen des Wagens.

Die Beschleunigungen werden aus der Überschußleistung ermittelt, diese durch Wagenmasse und Geschwindigkeit dividiert und die Werte abhängig von der Fahrgeschwindigkeit für die einzelnen Schaltgänge dargestellt.

Bild 8.

Beschleunigungsvermögen
eines 30 PS-Kraftwagens
für die 3 Schaltgänge des Vorwärtsganges.

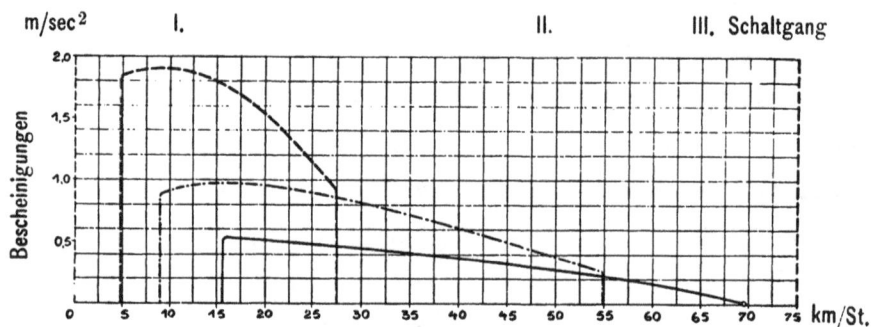

Die Darstellung ist gleichartig den Steigungsdiagrammen (S. 9 Bild 5), nur der Ordinaten-Maßstab ist ein anderer, die Wertung eine verschiedene. Aus diesen Steigungskurven können für verschiedene Fahrgeschwindigkeiten und Schaltgänge die Steigungen entnommen und, mit $g \cdot 100 = 0,0981$ multipliziert, als Beschleunigung des Wagens in m/sec^2 abhängig von der Fahrgeschwindigkeit dargestellt werden.

Rechnungs- und Ermittlungsverfahren.

(Die Bezeichnungen sind auf Seite 35 u. f. geordnet angegeben.)

Allgemeine Beziehung zwischen Trommel- und „Radfelgenleistung" und Zugkraft.

Die rechnerische Ermittlung der Einzelverluste umfaßt zunächst die Bestimmung der „Radfelgenleistung" L_r aus den Meßwerten:

$$E_p, \; I_a, \; n_t, \; n_r, \; Z.$$

Die Bezeichnung „Radfelgenleistung" ist gewählt, um besonders darauf hinzuweisen, daß L_r die überschüssige Radleistung — nach Abzug des Windverlustes der rollenden Räder und des Reibungsverlustes der Radlager — darstellt.

Momentengleichung für die Prüfstandtrommel

$$P \cdot r_1 + Q \cdot r - Z(r + r_1) = 0.$$

Hieraus nach einiger Umrechnung:

$$L_r = \frac{Z(r + r_1)\, n_r}{716,2} - \frac{L_t\, n_r}{n_t} \quad \ldots \ldots \text{ in PS.}$$

Diese Gleichung gilt sowohl für Wagen- als auch für Prüfstandantrieb. Die Drehrichtung ist gleichgültig, ihre Änderung kehrt nur die Richtung der Zugkraft um.

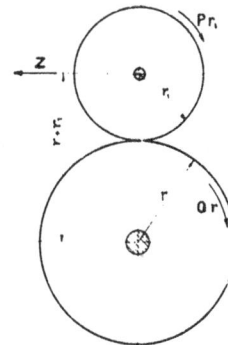

Mit L_r ergibt sich der Rollverlust der Räder zu:

$V_r = L_t - L_r$ in PS . . . . wenn der Prüfstand antreibt,

$V_r = L_r - L_t$ in PS . . . . . . wenn der Wagenmotor antreibt.

Die Trommelleistung ist hierbei:

$$L_t = \frac{E_p \cdot I_a \cdot \eta_m}{736} \text{ , wenn der Prüfstand den Wagen antreibt,}$$

$$L_t = \frac{E_p \cdot I_a}{736 \cdot \eta_d} \text{ , wenn der Wagenmotor den Prüfstand antreibt.}$$

Die Versuchsreihen sind nach folgendem R e c h n u n g s v o r g a n g e ausgewertet:

1. G e t r i e b e v e r l u s t e.

Bei verschiedenen Fahrgeschwindigkeiten für die Vorwärtsgänge des Wagens werden gemessen: E_p, I_a, Z, n_t, n_r. Aus der Gleichung für L_r folgt für den G e t r i e b e v e r l u s t V_g und den R o l l v e r l u s t V_r:

$$V_g = \frac{Z\,(r + r_1)\,n_r}{716,2} - \frac{L_t \cdot n_r}{n_t} \quad \ldots \ldots \text{ in PS.}$$

$$V_r = L_t - V_g \quad \ldots \ldots \ldots \ldots \text{ in PS.}$$

Die Prüfstandmaschinen arbeiten als Elektromotoren und sind so geschaltet, daß sie die Hinterräder des Wagens rückwärts drehen. Hierdurch wird erreicht, daß die bei normaler Fahrt des Wagens zusammenarbeitenden Zahnflanken zum Abwälzen gebracht werden.

Wird auf die Durchführung des Versuchs: Antrieb des Wagens durch einen besonderen geeichten E l e k t r o m o t o r anstelle des Benzinmotors (Seite 21) verzichtet und V_g aus den ersten Versuchsreihen allein entnommen, so liegt für die späteren Versuche zur Bestimmung der Motorleistung eine Abweichung von der Wirklichkeit vor, die das Gesamtergebnis nicht erheblich ändert, da teilweise nur eine Größenverschiebung der Werte V_g und V_m eintritt.

Die Benutzung des bei verschiedenen Fahrgeschwindigkeiten gemessenen Getriebeverlustes V_g für diese Verlusttrennung setzt nämlich stillschweigend voraus, daß V_g unabhängig von der übertragenen Leistung sei. Dies ist in Wirklichkeit nicht der Fall, da der Getriebeverlust mit wachsender Leistung zunehmen muß. Daher ist nach diesem Rechnungsverfahren V_g auch bei Bestimmung des Motorreibungsverlustes zu klein eingesetzt, der Motorreibungsverlust V_m somit etwas zu groß ermittelt.

Um den Betrag dieser Fehlergröße bestimmen zu können, werden Motorleistung und Verluste am ausgebauten Motor auf dem besonderen M o t o r prüfstande nachgemessen.

2. Motorreibungsverluste (mit Kompression).

Meßwerte: E_p, I_a, Z, n_t, n_r.

Aus der Getriebeübersetzung i für den unmittelbaren Hinterradantrieb ergibt sich die Motordrehzahl:

$$n_m = \frac{n_r}{i}.$$

Die Trommelleistung L_t ist die Summe des Roll-, Getriebe- und Motorreibungsverlustes:

$$L_t = V_r + V_g + V_m.$$

L_t in V_r und $(V_g + V_m)$ geteilt, gibt:

$$L_r = V_g + V_m = \frac{Z\,(r + r_1)\,n_r}{716,2} - \frac{L_t \cdot n_r}{n_t} \ \ldots \ \text{in PS.}$$

Die Werte für V_g werden (nach Versuchsreihe 1) gemessen, somit ist der Motorreibungsverlust:

$$V_m = L_r - V_g.$$

Bei diesen Versuchen treibt der Prüfstand die Hinterräder in der Drehrichtung der Vorwärtsfahrt. Hierbei arbeiten verkehrte Zahnflanken der getriebenen Räder zusammen.

Vergleichsversuche haben jedoch keinen meßbaren Unterschied im Getriebeverlust wegen dieser Umkehrung des Drehsinnes gezeigt. Ein nennenswerter Unterschied würde sich nur bei stark abgenutzten Rädern ergeben.

3. Motorreibungsverluste (ohne Kompression).

Einzelheiten und Auswertung der Messung sind dieselben, wie unter 2. angegeben.

4. Motorleistung, Benzinverbrauch und Kühlwasserwärme.

Gemessen werden: E_p, I_a, Z, n_t, n_r, B, H, t_e, t_a.

Rechnerisch ergeben sich: $n_m = \frac{n_r}{i} = $ Motordrehzahl, direkter Schaltgang,

$$L_t = \frac{E_p \cdot I_a}{736\ \eta_d} \ \ldots \ldots \ \text{in PS.}$$

3

Die Trommelleistung L_t ist gleich der Motor-Nennleistung L_i ohne Ladearbeit, abzüglich Motorreibungs-, Getriebe- und Rollverlust:

$$L_t = L_i - V_0 - V_g - V_r.$$

Zunächst ist die Ermittlung von V_r möglich. Die Radfelgenleistung ist

$$L_r = L_i - V_0 - V_g = \frac{Z\,(r + r_1)\,n_r}{716{,}2} = \frac{L_t \cdot n_r}{n_t} \quad \cdots \quad \text{in PS,}$$

$$V_r = L_r - L_t.$$

Wird in die Gleichung $L_r = L_i - V_0 - V_g$ der Wert für V_g aus den Versuchsergebnissen eingesetzt, so ergibt sich

die Nutzleistung des Motors:

$$L_e = L_i - V_0 = L_r + V_g,$$

die Nennleistung des Motors ohne Ladearbeit

$$L_i = L_e + V_0.$$

Der im normalen Betriebe auftretende Motorreibungsverlust V_0 liegt zwischen den ermittelten Werten V_2 bei Versuch mit Kompression und V_3 ohne Kompression. Das algebraische Mittel ist eine Annäherung, die aber zulässige Genauigkeit bietet, denn

einerseits sind die Motorreibungsverluste bei den verhältnismäßig kleinen und raschlaufenden Automobilmotoren überhaupt groß, die zusätzlichen Verluste durch den Arbeitsdruck verhältnismäßig gering,

anderseits läßt sich durch die Grenzwerte V_2 und V_3 nachweisen, daß die Ungenauigkeit kaum 2% der Motorleistung betragen kann. Im praktischen Betriebe ist der Motorreibungsverlust außerdem stets veränderlich, vom jeweiligen Betriebs- und Schmierzustande abhängig; daher ist die erwähnte Ungenauigkeit belanglos.

Kühlwasserwärme.

Die vom Kühlwasser abgeführte Wärmemenge $H = K\,(t_a - t_e)$ ist als Funktion der Motordrehzahl darzustellen. Die spezifischen Wärmemengen sind $h_e = \dfrac{H}{L_e}$ und $h_i = \dfrac{H}{L_i}$.

Im einzelnen ist zur Bestimmung der Kühlwasserwärme eine Abweichung vom praktischen Fahrbetriebe notwendig, weil mit den gewöhnlichen Einrichtungen zuverlässige Messungen schwer durchzuführen sind, und weil der gewöhnliche Wasserumlauf zur Kühlung, insbesondere von großen Wagen, bei dauernder Volleistung nicht ausreicht.

Die Kühler von Stadtwagen werden oft nur für eine mittlere Leistung ausgeführt und genügen bei Volleistung nur kurze Zeit, während auf dem Prüfstande d a u e r n d Volleistung notwendig ist.

Es ist daher für die Dauerversuche auf dem Prüfstande zuverlässigere Motorkühlung erforderlich. Zu diesem Zwecke wird während der Versuche der Wasserumlauf des Wagens abgeschaltet und dem Motor aus einer besonderen Wasserleitung das erforderliche Frischwasser dauernd zugeführt. Entsprechend dem praktischen Fahrbetriebe wird die Austrittstemperatur einreguliert.

Nennenswerte Meßfehler entstehen durch diese Abweichung vom wirklichen Wagenbetrieb nicht, weil es nur auf die Temperatur der Zylinder, bezw. des Kühlwassers ankommt und diese während der Messungen dem wirklichen Fahrzustande entsprechend hergestellt wird.

Die Betriebsverhältnisse des K ü h l e r s für die praktischen Fahrbedingungen, sowie die Ermittlung des Luftwiderstandes bilden den Gegenstand besonderer Untersuchungen.

Eintritts- und Austrittstemperaturen des Kühlwassers werden durch geeichte Thermometer an Zu- und Ablaufstutzen des Motors gemessen. Das Kühlwasser wird aufgefangen und gewogen.

Zur Messung des

Benzinverbrauchs

sind die am Wagen angebrachten Benzinbehälter ungeeignet. Deshalb wird zur Messung ein Meßbehälter auf einer Wage benutzt, der mit gleichem Druck wie am Wagen das Benzin dem Vergaser zuführt.

Wenn der Beharrungszustand des Wagens erreicht ist, so wird die Wage zum Einspielen gebracht, dann von der Gewichtsschale ein bestimmtes Gewicht abgenommen und die Zeit bis zum Wiedereinspielen der Wage ermittelt. Durch dieses Verfahren werden auch bei kurzer Meßdauer (10—20 Minuten) genaue Resultate über den Benzinverbrauch erzielt. Im Zusammenhange mit den besonderen Motoruntersuchungen auf dem

Motorprüfstande kann dann über alle Einzelheiten Aufschluß erhalten werden.

Die spezifischen Benzinverbrauchszahlen ergeben sich zu:

$$b_e = \frac{B}{L_e} \qquad und\ b_i = \frac{B}{L_i}.$$

5. Motorleistung bei konstanter Drehzahl und verschiedener Regelung.

Aus den Meßwerten E_p, I_a, n_t, n_r, Z ergibt sich

$$L_t = \frac{E_p \cdot I_a}{\eta_d \cdot 736},$$

die Radfelgenleistung des Wagens:

$$L_r = \frac{Z\,(r + r_1)\,n_r}{716,2} - L_t \cdot \frac{n_r}{n_t} \quad . \qquad . \quad in\ PS$$

und mit Benutzung des Getriebeverlustes V_g aus früheren Versuchsreihen die Nutzleistung des Motors: $L_e = L_r + V_g$.

6. Vorderradverluste bei verschiedenen Fahrgeschwindigkeiten.

Gemessen werden E_p, I_a, Z, n_t, n_r. $\qquad L_t = \frac{E_p \cdot I_a \cdot \eta_m}{736}$

ist teilbar in Lagerreibungs- und Windverlust (Ventilationsverlust)

$$V_l = \frac{Z\,(r + r_1)\,n_r}{716,2} - L_t \cdot \frac{n_r}{n_t} \quad . \qquad . \quad in\ PS$$

und der Rollverlust $V_r = L_t - V_l$.

7. Benzinverbrauch für 100 km Weg.

Aus dem für die Fahrgeschwindigkeit v gemessenen Benzinverbrauch B ergibt sich der Benzinverbrauch B_f für 100 km Weg zu:

$$B_f = \frac{B \cdot 100}{v} \qquad . \quad . \qquad . \quad . \quad in\ kg$$

$$= \frac{B \cdot 100}{v} \cdot \frac{1}{\gamma} \quad . \qquad . \quad . \quad in\ Liter.$$

Im Vorangegangenen und im Weiteren werden folgende **Bezeichnungen** einheitlich gebraucht:

B = Benzinverbrauch . . . . in kg stündlich

B_f = Benzinverbrauch für 100 km Weg . . . . „ kg oder l

b_e = spezifischer Benzinverbrauch der Nutzleistung . „ kg/PS$_{\text{eff}}$ u. Std.

b_i = spezifischer Benzinverbrauch der Nennleistung . „ kg/PS$_i$ u. Std.

E = Energiewert (Wärmeinhalt) des verbrauchten Benzins $E = B \cdot H_u$ . . . . „ WE/Stunde

E_p = Klemmenspannung an der Prüfstanddynamo . . . „ Volt

η = Wirkungsgrad

η_b = Betriebs-Wirkungsgrad $= \dfrac{L_e}{L_i}$

η_d = Wirkungsgrad des Prüfstandes für Dynamoantrieb

η_f = Wirkungsgrad zwischen Motor und Fahrbahn $= \dfrac{L_e}{L_t}$

η_b = Brennstoff-Wirkungsgrad des Motors (Verhältnis der Motornutzleistung zur ursprünglichen Brennstoffleistung)

$$= \frac{3600 \cdot 75}{427} \cdot \frac{L_e}{E} = \sim 632 \, \frac{L_e}{E}$$

η_m = Wirkungsgrad des Prüfstandes für Motorantrieb

η_w = Brennstoff-Wirkungsgrad des Wagens $= \sim 632 \, \dfrac{L_n}{E}$

F = Luftdruckfläche des Wagens . . . . in qm

G = Gewicht des Wagens einschließlich Belastung . . „ kg

H = Kühlwasserwärme . . . . „ WE/Stunde

h_e = spezifische Kühlwasserwärme der Nutzleistung . „ WE/PS$_{\text{eff}}$ u. Std.

h_i = spezifische Kühlwasserwärme der Nennleistung . „ WE/PS$_i$ u. Std.

H_u = unterer Heizwert des Brennstoffes . . . . „ WE/kg

I_a = Ankerstromstärke der Prüfstanddynamo . . . . . „ Ampere

i = Getriebeübersetzung $= \dfrac{n_r}{n_m}$

K = Kühlwassermenge . . . . „ kg/Stunde

L_e = Motor-Nutzleistung . . . . „ PS

L_g = spezifische Überschußleistung . . . . „ PS/Tonne

L_i = Nennleistung des Motors*) . . . . „ PS

L_l = Luftwiderstandsverlust des Wagens $= \dfrac{0{,}006}{3{,}6 \cdot 75} \cdot F \, v^3$ in PS

L_n = Wagen-Nutzleistung . . . . in PS

L_r = Radfelgenleistung $= P \cdot r_1 \cdot \dfrac{n_r}{716{,}2}$ . . . . . . „ PS

*) Anmerkung S. 37.

L_s = Überschußleistung des Wagens für Steigungen

und Beschleunigung = $\dfrac{G \cdot v \cdot s}{3,6 \cdot 75 \cdot 100}$ . . . . . in PS

L_{sp} = spezifische Nutzleistung des Motors = $\dfrac{L_e}{v_h \cdot z}$ . . . „ PS pro Liter Zylinderhubvolumen

L_t = Trommelleistung des Wagens am Umfang der

Prüfstandtrommel = $Q \cdot r \cdot \dfrac{n_t}{716,2}$ . . . . . . „ PS

n = Umlaufzahlen, Drehzahlen . . . . minutlich

n_m = Drehzahl des Motors . . . . „

n_r = Drehzahl der Hinterräder des Wagens . . . . . „

n_t = Drehzahl der Prüfstandtrommel . . . . „

P = nutzbare Triebkraft am Umfang des Wagenrades . in kg

p_e = mittlerer spez. Druck, bezogen auf Motor-Nutzleistung „ kg/qcm

p_i = mittlerer spez. Druck, bezogen auf Motor-Nennleistung „ kg/qcm*)

Q = Umfangskraft am Prüfstandtrommel-Radius r . . . „ kg

r = Radius der Prüfstandtrommel . . . . „ m

r_1 = kleinster Halbmesser des Wagenrades . . . . . . „ m

s = Steigung der Fahrbahn = $\dfrac{3,6 \cdot 75 \cdot 100}{G \cdot v}$ L_s . . . „ $^1/_{100}$ der Weglänge

t_a = Austrittstemperatur des Kühlwassers . . . . . . „ ° Celsius

t_e = Eintrittstemperatur des Kühlwassers . . . . . . „ ° Celsius

V_g = Getriebeverlust . . . . „ PS

V_l = Lagerreibungs- u. Windverlust der Räder (Ventilationsverlust) . . . . „ PS

V_m = Motorreibungsverlust allgemein . . . . „ PS

V_r = Rollverlust der Räder . . . . „ PS

V_{sp} = spezifischer Motorreibungsverlust = $\dfrac{V_0}{v_h \cdot z}$ . . . „ PS pro Liter Zylinderhubvolumen

V_v = Windverlust der Räder (Ventilationsverlust) . . . „ PS

V_0 = Motorreibungsverlust angenähert = $\dfrac{V_2 + V_3}{2}$ . . . „ PS

V_1 = Motorreibungsverlust mit Kompression und Rohrleitungen . . . . „ PS

V_2 = Motorreibungsverlust mit Kompressions-, Ansaugeund Ausschubverlust in den Ventilkanälen ohne Rohrleitungen . . . . „ PS

V_3 = Motorreibungsverlust ohne Kompression . . . . . „ PS

v = Fahrgeschwindigkeit des Wagens . . . . „ km/Stunde

v_h = Hubvolumen eines Motorzylinders . . . . „ Liter

W = Fahrwiderstand bei Fahrt in der Ebene . . . . . „ kg

Z = Zugkraft des Wagens . . . . „ kg

z = Zahl der Motorzylinder

*) Anmerkung S. 37.

*) Die Bezeichnung „i n d i z i e r t e" Leistung und was damit zusammenhängt ist hier n i c h t gebraucht, und zwar aus mehreren Gründen:

Zunächst sollen hier nur Werte verwendet werden, die am Wagen unmittelbar und ausreichend genau g e m e s s e n werden können. Dies ist durch I n d i k a t o r - v e r s u c h e schon an mäßig raschlaufenden Maschinen nur unvollkommen erreichbar, an raschlaufenden Wagenmotoren unmöglich. Die Fehler, die vom Verhalten der Indikatoren und von der Eichung der Indikatormaßstäbe herrühren, sind zu groß und auch das Messen mit optischen Indikatoren zu ungenau. Solche Versuche können nur für Vergleichungen, aber nicht für Rechnungen dienen.

Weiter bringt es die Natur des Kraftwagens mit sich, daß bei den Messungen von Leistungen, je nach dem Vergleichszwecke, die Lade- oder die Auspuffarbeit abgezogen oder mitgemessen, oder diese Werte getrennt bestimmt werden müssen.

Außerdem gibt es keine Einheitlichkeit in der Ermittelung von „i n d i z i e r t e n" Leistungen und von „W i r k u n g s g r a d e n". In der deutschen technischen Literatur wird ganz willkürlich verfahren und die Bezeichnung „Nennleistung", entgegen dem bereits Eingebürgerten, sogar als Nutzleistung gebraucht.

In den vorliegenden Berichten sind unter L_i, p_i usw. nicht die überlieferten „indizierten" Leistungen, Drücke usw. zu verstehen. L_i bedeutet die i n n e r e Zylinderleistung; diese ist als N e n n leistung bezeichnet, und darunter ist verstanden:

die auf dem Prüfstande g e m e s s e n e N u t z leistung, vermehrt um den gleichfalls gemessenen M o t o r r e i b u n g s v e r l u s t.

Für Kraftwagenwertungen bedeuten die durch die Versuche ermittelten Wertzahlen nur Vergleichswerte für b e s t i m m t e e i n z e l n e E i g e n - s c h a f t e n von Motor und Wagen, die stets einzeln ausdrücklich angegeben sind: Güte der mechanischen Herstellung, Leistungsfähigkeit, Beschleunigungsfähigkeit usw., nicht aber wirtschaftliche Gesamtzahlen.

Die folgenden Berichte enthalten nur die wesentlichsten Versuchs-Ergebnisse und die Erläuterungen und Berechnungen, soweit die Versuchsverfahren solche notwendig machen.

Die Versuchsergebnisse sind in D i a g r a m m e zusammengefaßt. Wo Meßpunkte in den Kurven fehlen, sind diese aus Meßwerten anderer Kurven übernommen, oder die Werte sind nur errechnet. Letzteres ist stets ausdrücklich angegeben. Interpolationen zwischen den Meßwerten sind in der Regel nicht vorgenommen worden. Wo dies ausnahmsweise geschehen ist, ist es stets besonders erwähnt.

Die Meßpunkte sind in den einzelnen Kurven eingetragen, so daß jeder Sachkundige rückwärts alles Erforderliche mit der Genauigkeit nachrechnen kann, die dem Maßstabe der Diagramme entspricht. Somit ist jede Nachprüfung des Wesentlichen oder Wiederholung der Versuche an gleichen Objekten möglich. Die vollständige Wiedergabe des Zahlen-materials und der theoretischen Ermittlungen, ja nur eines Teils davon würde den Umfang und die Kosten der Veröffentlichung außerordentlich vergrößern und die Übersicht erschweren.

Das allgemeine R e c h n u n g s v e r f a h r e n ist da nicht erwähnt, wo die Grundlagen und das Verfahren bekannt sind, wie z. B. bei elektrischen Messungen, Auslaufversuchen, Bestimmung der Reibungs- und Eisenverluste, Eichung der Instrumente usw. Wohl aber sind das Rechnungsverfahren und die Rechnungsgrundlagen da besonders angege-ben, wo die Neuheit der Sache oder des Versuchsverfahrens Erläute-rungen notwendig macht.

In denjenigen Fällen, wo A n n a h m e n und A n n ä h e r u n g e n zugelassen werden mußten, weil zunächst genaue Ermittlungen nicht möglich waren oder nicht erforderlich schienen, ist dies stets ausdrücklich hervorgehoben. Auch sind die dadurch gemachten F e h l e r besonders gekennzeichnet. Die Angaben darüber sind allgemein im vorstehenden Abschnitt „R e c h n u n g s - und E r m i t t l u n g s v e r f a h r e n" gemacht oder in besonderen Fällen unmittelbar den betreffenden Rechnungsergeb-nissen beigefügt.

In der Angabe der Einzelheiten wird weitgehende Beschränkung geübt. Schon im Vorangegangenen sind nur die l e i t e n d e n G e s i c h t s -
p u n k t e für die Durchführung vollständiger Kraftwagenuntersuchungen
angegeben, nicht die zahlreichen Einzelheiten.

Die folgenden Veröffentlichungen werden auch nur enthalten, was den
Fachmann, der selbst Fortschritt schafft, oder den erfahrenen Automobilisten interessiert:

E i n b l i c k i n d i e W i r k u n g e n u n d L e i s t u n g e n u n d i n
d i e M ä n g e l d e r b i s h e r i g e n A u s f ü h r u n g e n u n d Ü b e r -
b l i c k ü b e r V e r b e s s e r u n g s m ö g l i c h k e i t e n .

Diese Interessenten sollen nicht gezwungen sein, aus den mit allerlei
Detailarbeit beladenen oder verzierten Berichten erst das Wesentliche
mühsam herauszusuchen.

Für das Studium aller Einzelheiten und für die rechnerischen Begründungen haben nur sehr wenige Fachleute Interesse und Zeit; diese
müssen etwaige Nachrechnungen auf Grund der angegebenen Meßwerte vornehmen.

*Die V e r ö f f e n t l i c h u n g der im L a b o r a t o r i u m f ü r K r a f t -
f a h r z e u g e durchgeführten Versuche erfolgt in zwangloser Reihenfolge, nur
nach Massgabe der Wichtigkeit und Neuheit der Versuche, der Versuchsverfahren
oder Einrichtungen und der ausreichenden Vollständigkeit der Ergebnisse.*

*Versuche, die unter massgebender Mitwirkung von Ämtern, Fabriken,
Konstrukteuren usw. zustandekommen, werden nur mit deren Zustimmung veröffentlicht.*

*Die Berichte bringen, wie erwähnt, nur d a s W e s e n t l i c h e : die
V e r s u c h s e r g e b n i s s e und ihre Erläuterung, soweit solche erforderlich ist,
nicht aber, wie dies bei wissenschaftlichen Arbeiten meist üblich ist, auch die
massenhaften A r b e i t s s p ä n e , die sich während der Versuche und deren
Ausarbeitung anhäufen.*

Die Versuche im Laboratorium für Kraftfahrzeuge umfassen zunächst:

Untersuchung eines 30 PS-Renault-Wagens,

     „   „ 60 PS-F.I.A.T.-Wagens,

Untersuchungen von Lastwagen,

Vergleichsversuche mit Groß- und Kleinwagen,

Vergleichsversuche von vier 30 PS-Normalwagen,

Einfluß der Benzinbehälterfüllung bei Bergfahrten,

Triebwerksverluste bei veränderlicher Energieübertragung,

Untersuchung elektrisch betriebener Wagen,

Untersuchung von Rennwagen,

Prüfstand des Laboratoriums für Kraftwagen,

Leistungsversuche mit Vergasern,

Leistungserhöhung der Motoren,

Schleudern der Wagen,

Schlüpfverluste angetriebener Räder,

Motoren mit Schiebersteuerungen,

Wertung des Geräusches von Motor und Wagen,

Untersuchung von Luftfahrzeugen,

Rollwiderstände von Gummireifen,

Energieverluste durch Schwingungen der Wagen im Raum,

Untersuchung von Übersetzungs-Abstufungen,

Vergleichsversuche an Vergasern mit Zwangs- und mit selbsttätiger Zuführung der Zusatzluft,

motorische Verbrennung unter dem Einflusse verschiedener Stärke
   und Länge der Zündfunken,

Grenzwerte des Mischungsverhältnisses,

Benzolbetrieb von Kraftwagen usw.,

Grundlagen der Motor-Steuerungen.

Mitarbeiter an den Versuchen der Berichte II—IV waren die Herren:
Dipl.-Ing. Becker und Dr. Löffler.
Ausserdem waren bei den Versuchen und der Ausarbeitung tätig die Herren
Dipl.-Ing.: Bücking, Roth, Schaefer und Wullstein.

Die zunächst erscheinenden Berichte I—V des Laboratoriums für Kraftfahrzeuge umfassen:

Allgemeines über wissenschaftliche Automobilprüfung,
wissenschaftliche Untersuchung eines 30 PS-Wagens,
wissenschaftliche Untersuchung von Rennwagen und
vorläufige Schlußfolgerungen.

In dem demnächst erscheinenden weiteren Berichte gelangen zur Veröffentlichung:

Wissenschaftliche Untersuchung von Schiebermotoren,
Grundlagen der Motor-Steuerungen.

Laboratorium für Kraftfahrzeuge

an der

Königl. Technischen Hochschule

zu Berlin

Untersuchung

eines

20 — 30 PS - Renault - Wagens

von

Renault Frères in Billancourt, Seine

Mit Vergleichsversuchen über den

Einfluß des Benzinbehälters auf die Motorleistung bei Bergfahrten

Mit 31 Abbildungen

Übersicht über die Versuchsergebnisse.

Bauart des Wagens (S. 20).   Versuchsverfahren: siehe Bericht I (S. 20—34).

Ergebnisse im ganzen:

Näheres hierzu Seite:

Erreichbare Höchstgeschwindigkeit
des Renault-Wagens bei Fahrt in der Ebene: 69 km i. d. Std.   3

Befahrbare größte Steigungen:
mit dem III. (direkten) Gange: . . . . 5,5 % . . . 5
mit dem II. Gange: . . . . 10 % 5
mit dem I. Gange: . . . . 19,5 % . . . 5

Charakteristische Fahrgeschwindigkeit
des Renault-Wagens: . . . . 60 km i. d. Std.   7

Thermische Verluste des Motors: . . . 71,4 % 7

Nutzleistung des Renault-Motors: . . . 20,8 % . . . 7

Nutzleistung des Renault-Wagens: . . . 12,5 %
der ursprünglichen Energie   7

Triebwerksverluste
des Renault-Wagens: . . . . 15,3 %
der Motor-Nutzleistung   9

Radreifenverluste aller Räder . . . . . 21,0 % 9

Diese Verluste an den Hinterrädern sind
mehr als dreimal so groß als an den
Vorderrädern   9

Verluste zwischen Motor-Kupplung und
Fahrbahn im Bereiche der wirtschaft-
lichen Fahrgeschwindigkeiten: . . . . . . 26,3—31,6 %
der Motorleistung bei freiem Auspuff   11

Eigenverbrauch des Renault-Wagens
bei 60 km Fahrgeschwindigkeit: . . . . . . 46 %
der Motor-Nutzleistung   9

Brennstoff-Wirkungsgrad
des Renault-Wagens: . . . . 14 % 13

Ergebnisse im einzelnen:

Näheres hierzu
Seite:

Größte Motor-Nutzleistung: . . . . 33 PS

      bei freiem Auspuff und minutl. 1450 Umdrehungen   26

Größte spezifische Motor-Nutzleistung: . . . . . 6,1 PS/l . . . 11

Mittlere spez. Drücke (Nennleistung) . . . . . . 5,3—4,6 kg qcm   24

   „   „   „   (Nutzleistung) . . . . . . 6,4 – 6,0   „   24

Größte spezifische Überschußleistung für

   den direkten Gang: . . . . 6,3 PS/t . . . 12

   für den I. Gang: . . . . 11,7 PS/t . . . 12

Größtes Beschleunigungsvermögen des

   Renaultwagens für den III. (direkten) Gang: . 0,53 m/sec² . . 13

   für den I. Gang . . . . 1,9 „   . . 13

Die Getriebeverluste wachsen ungefähr

   umgekehrt proportional dem

   Quadrate des Übersetzungsverhältnisses 14

Auspuffverluste des Renault-Motors

   bei 60 km/Std. Fahrgeschwindigkeit . . . . ∼ 9,7 % 26

Größter Auspuffverlust bei der Motor-

   höchstleistung . . . . 4 PS ∼ 13,0 % . . . 26

Größter Auspuffverlust in der Auspuff-

   leitung allein . . . . 2,4 PS ∼ 7,7 %

                    der Motor-Nutzleistung   26

Der Widerstand in der Auspuffleitung ist

   größer (1½ mal) als der der Schalldämpfung 27

Die Regulierung des Renault-Motors

   und -Wagens zeigt keine Stetigkeit 30

Die Empfindlichkeit der Regulierung ist beschränkt,

   weil nur ein Teil (²/₃) des Regulierwegs aus-

   genutzt wird 30

Die befahrbare Grenzsteigung des

   Renault-Wagens beträgt . . . . 19,5 % . . . 18, 33

Für diese Grenzsteigung sind 40 % Benzinfüllung

   im Behälter erforderlich 19, 33

Die charakteristischen Eigenschaften des untersuchten Renault-Wagens sind in den Fahrdiagrammen, Bild 9 und 10, und in den Energiediagrammen, Bild 11, 12 und 13, dargestellt.

Fahrdiagramme.

Die Fahrdiagramme lassen die Frage: „Was leistet der Wagen?" erschöpfend beantworten.

Bild 9 zeigt die Motornutzleistung L_e, die Radfelgenleistung L_r und die Trommelleistung L_t und damit auch den Getriebeverlust und Rollverlust abhängig von der Fahrgeschwindigkeit für die 3 Vorwärtsgänge I, II und III. Die besonders ermittelten Vorderradverluste sind von der Trommelleistung abgezogen.

Daraus ergibt sich unterhalb der L_n-Kurven: die Wagen-Nutzleistung bei den 3 Schaltgängen für den Vorwärtslauf, also

die überschüssige Energie, die bei den verschiedenen Fahrgeschwindigkeiten zur Überwindung des Luftwiderstandes, der Steigungen und zur Beschleunigung zur Verfügung steht.

Die Werte für den Luftwiderstand sind für eine Luftdruckfläche des Wagens von 2 qm bestimmt und von der Wagen-Nutzleistung abgezogen (untere eng schraffierte Fläche). Der Rest ist die für Steigungen und zur Beschleunigung verfügbare Energie.

Im Schnittpunkte a der Kurven ist dieser Rest = 0. Hier ist also die Höchstgeschwindigkeit des Wagens für den III. Schaltgang bei der Fahrt in der Ebene erreicht mit: . . . . 69 km stündlich.

Die kleinste Fahrgeschwindigkeit für gleichmäßige Fahrt in der Ebene ist durch die erreichbare niedrigste Motordrehzahl bestimmt. Diese beträgt für den Renault-Wagen ungefähr 300 minutlich, entsprechend 15 km Fahrgeschwindigkeit bei direktem Gang.

Bild 9.

Fahrdiagramm des 20/30 PS Renaultwagens.

Motor- und Wagen-Nutzleistungen für die Schaltgänge I, II und III der Vorwärtsfahrt,
Luftwiderstand und Höchstgeschwindigkeit.

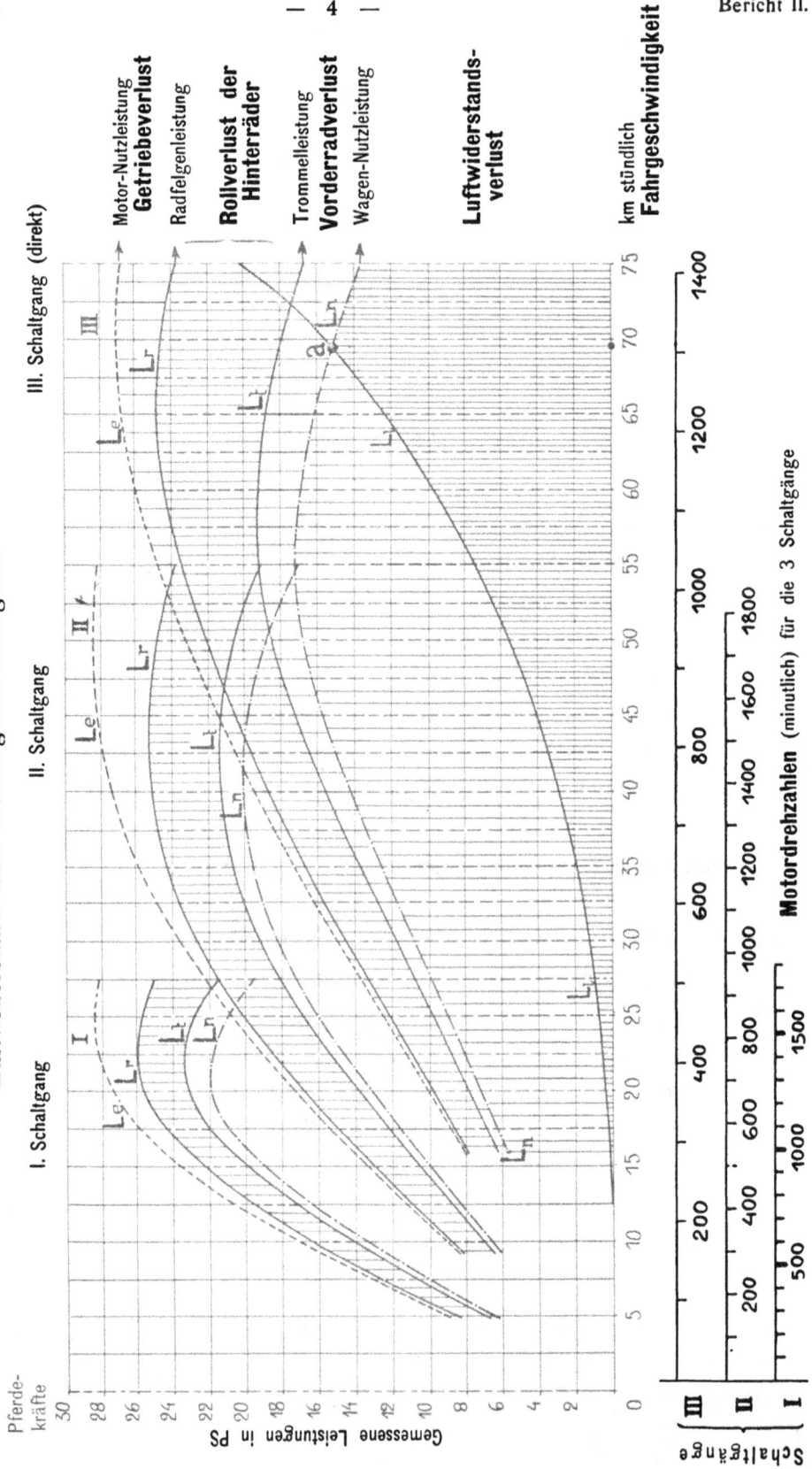

Bild 10.

Steigungsdiagramm des 20/30 PS-Renault-Wagens.

Befahrbare Steigungen in Dauerfahrt
für die Schaltgänge I, II und III der Vorwärtsfahrt.

I. Schaltgang   II. Schaltgang   III. Schaltgang

Nur bei 40% Behälterfüllung befahrbar

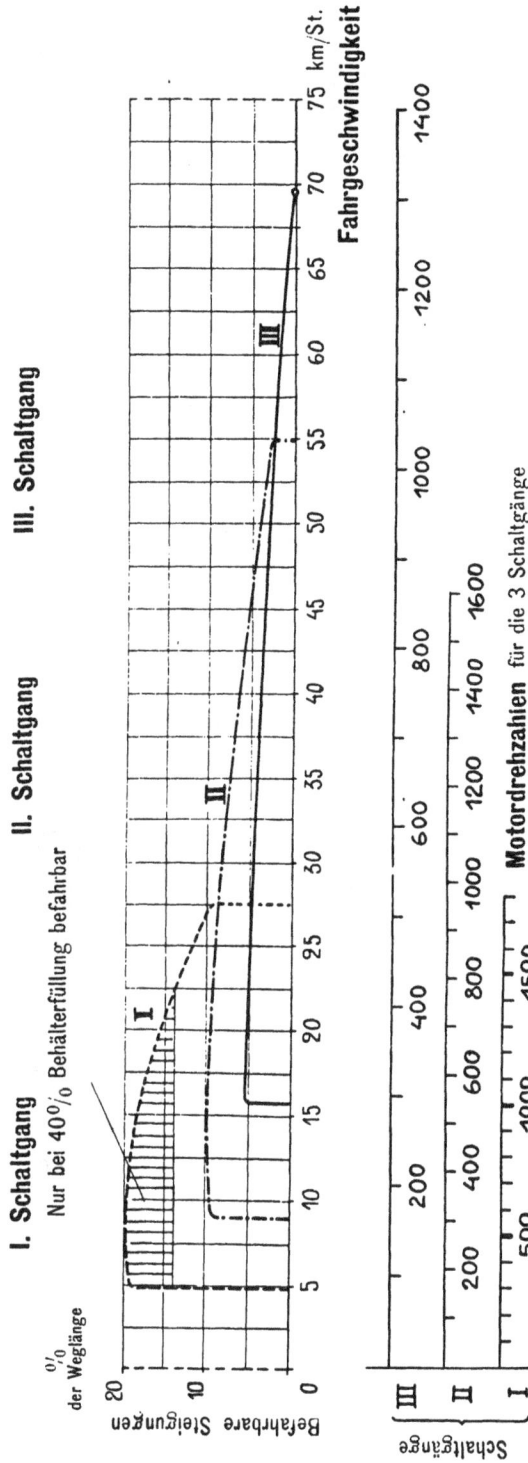

Die größte befahrbare Steigung ergibt sich im Maximum der entsprechenden Steigungskurven. Diese sind für ein Eigengewicht des Wagens von 1535 kg und 300 kg Belastung berechnet (Bild 10).

Die Steigungskurven, aus der befahrbaren Steigung und zugehörigen Fahrgeschwindigkeit ermittelt, ergeben für die 3 Schaltgänge der Vorwärtsfahrt das vollständige Bild des von jedem einzelnen Schaltgang beherrschten Geschwindigkeits- und Steigungsbereichs für Dauerfahrt mit dem betreffenden Schaltgang.

Diese Steigungskurven zeigen 4 charakteristische Punkte:

Höchstgeschwindigkeit in der Ebene: . . 69 km/Std., befahrbare größte Steigung:

mit dem
    direkten Gang: . . 5,5%,
mit dem
    zweiten Gang: . . 10 %,
mit dem
    ersten Gang: . . . 19,5%.

Bild 11.
Energiediagramm des 20/30 PS-Renault-Wagens
für 60 km stündl. Fahrgeschwindigkeit,
bezogen auf den
ursprünglichen Energiewert des Benzins (100 %)
(Motordrehzahl: 1132 i. d. Minute).

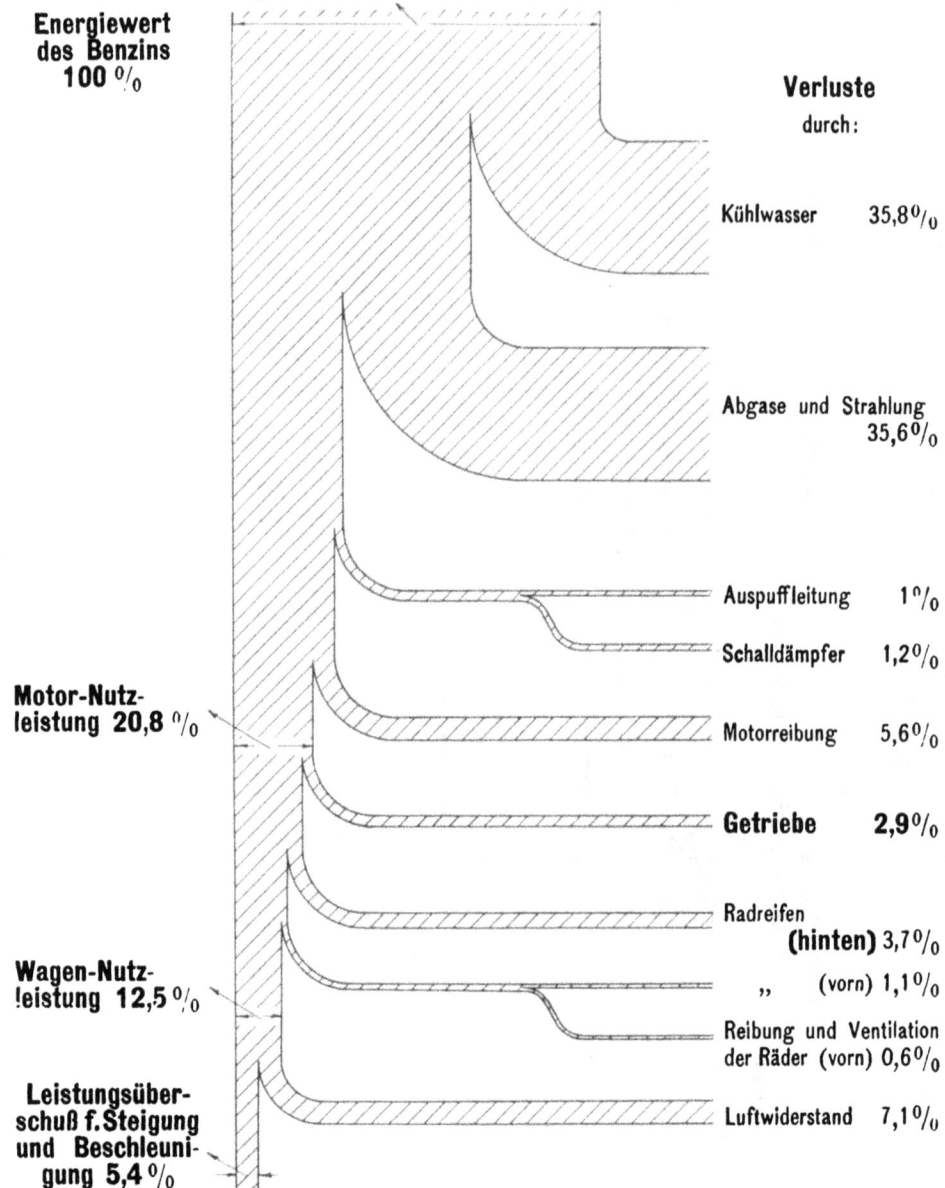

Energiewert
des Benzins
100 %

Verluste
durch:

Kühlwasser   35,8 %

Abgase und Strahlung
35,6 %

Auspuffleitung   1 %

Schalldämpfer   1,2 %

Motor-Nutz-
leistung 20,8 %

Motorreibung   5,6 %

Getriebe   2,9 %

Radreifen
(hinten) 3,7 %

„   (vorn) 1,1 %

Wagen-Nutz-
leistung 12,5 %

Reibung und Ventilation
der Räder (vorn) 0,6 %

Leistungsüber-
schuß f. Steigung
und Beschleuni-
gung 5,4 %

Luftwiderstand   7,1 %

Energiediagramme.

Die Energiediagramme (Bild 11, 12 u. 13) zeigen die wirtschaftliche Güte des untersuchten Renault-Wagens hinsichtlich des Brennstoffverbrauchs.

Grundlegend sind:

Motorleistung und spezifischer Brennstoffverbrauch bei den einzelnen Fahrgeschwindigkeiten. Maßgebend ist diejenige charakteristische Fahrgeschwindigkeit im Bereiche der Motor-Volleistung, bei der die beste Ausnutzung des untersuchten Wagens unter Berücksichtigung der Energieausnutzung und des Zeitaufwandes für die Fahrt erzielt wird. Dies entspricht zugleich annähernd der höchsten Motor- und Wagen-Nutzleistung.

Diese Fahrgeschwindigkeit des Renault-Wagens wurde ermittelt mit annähernd . . . . 60 km/Std.

Das Energiediagramm Bild 11 bezieht sich auf die Energiewerte aus den Versuchsreihen für 60 km Fahrgeschwindigkeit, entsprechend minutlich 1132 Umdrehungen des Motors.

Aus diesem Bilde der Energieverteilung ergibt sich, wenn Verluste und Leistungen auf den ursprünglichen Energiewert des Benzins bezogen werden:

Die thermischen Verluste im Renault-Motor,
   Auspuff- und Strahlungsverluste und Kühlwasserwärme,
   betragen: 71,4%,

die Reibungs- und Windverluste
   des Motors, des Getriebes und der Räder: . . . . 9,1%.

die gesamten Radreifenverluste: . . . . 4,8%.

Die Nutzleistungen betragen:

die Motor-Nutzleistung: 20,8%,

die Wagen-Nutzleistung: 12,5%,

die Überschußleistung: . . . . 5,4%.

In Bild 12 ist dieser Energiefluß in anderer Form dargestellt.

Bild 12.

Energiediagramm des 20/30 PS-Renault-Wagens

(für 60 km Fahrgeschwindigkeit).

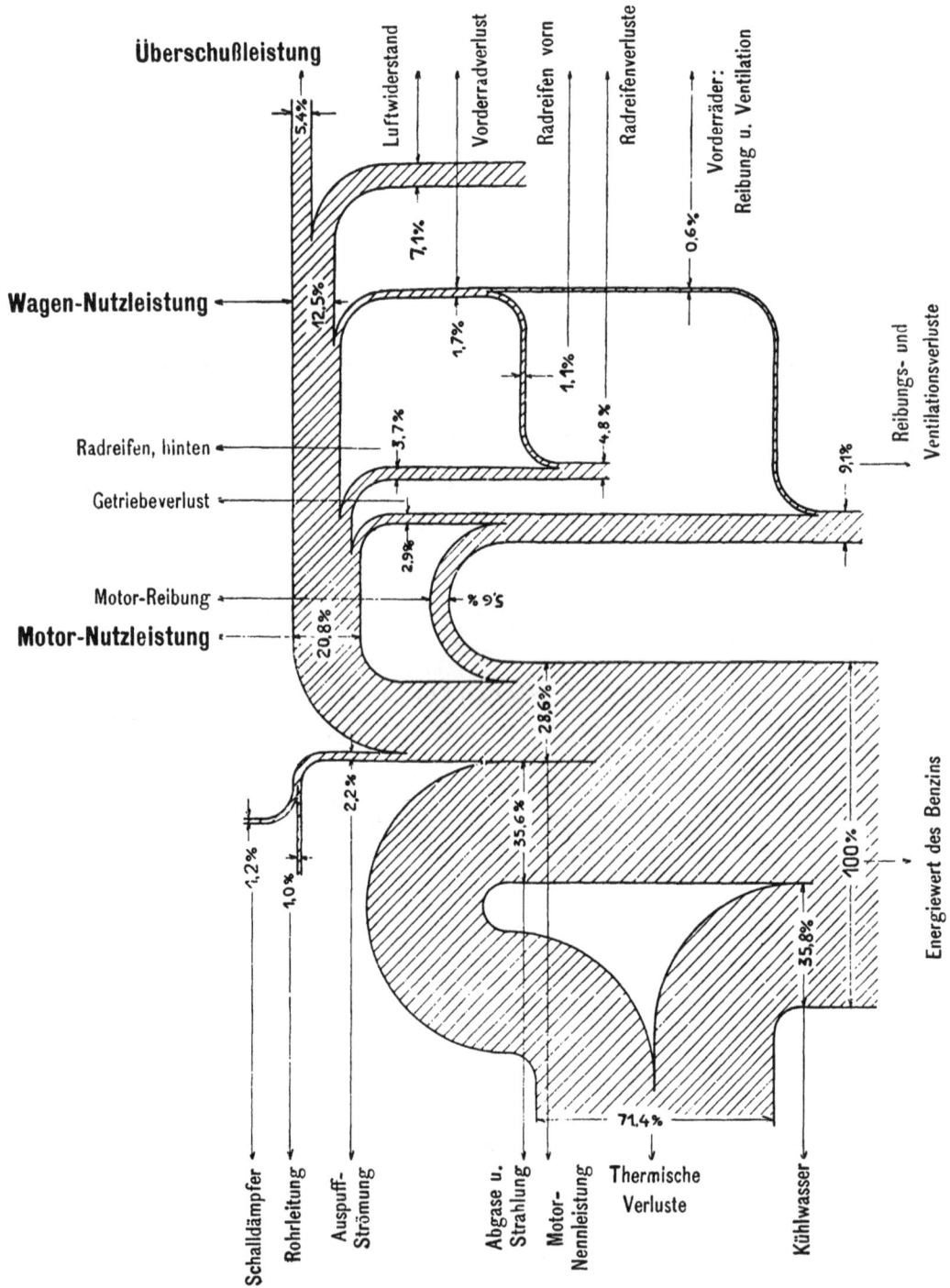

Überschußleistung

Luftwiderstand

Vorderradverlust

Radreifen vorn

Radreifenverluste

Vorderräder: Reibung u. Ventilation

Wagen-Nutzleistung

5,4%

7,1%

1,7%

1,1%

0,6%

Reibungs- und Ventilationsverluste

12,5%

Radreifen, hinten

3,7%

4,8 %

9,1%

Getriebeverlust

2,9%

Motor-Reibung

5,6 %

Motor-Nutzleistung

20,8%

28,6%

2,2%

1,2%

1,0%

35,6%

100%

35,8%

Energiewert des Benzins

71,4%

Schalldämpfer

Rohrleitung

Auspuff-Strömung

Abgase u. Strahlung

Motor-Nennleistung

Thermische Verluste

Kühlwasser

Zur besseren Kennzeichnung sind in diesem Bild die gleichartigen Verluste wieder zusammengefaßt, und zwar:

die thermischen Verluste (einzeln: 35,6 % Abgase

und 35,8 % Kühlwasser) zusammen: . . . . 71,4 %,

die Radreifenverluste (einzeln: 1,1 % vorn, 3,7 %

hinten) zusammen: . . . . 4,8 %,

die mechanischen Verluste (einzeln: Motorreibung

5,6 %, Getriebe 2,9 %, Reibung 0,6 %), zusammen: . 9,1 %.

Wird die Energieverteilung bezogen auf die Motor-Nutzleistung bei freiem Auspuff (Bild 13),
dann betragen:

die Getriebeverluste, Reibungs- und Wind-

verluste aller Räder: . . . . 15,3 %,

die Strömungsverluste des Auspuffs:

Auspuffrohr und Schalldämpfer zusammen: . . . . . 9,7 %,

in der Auspuffleitung allein: . . . . 4,5 %,

im Schalldämpfer allein: . . . . 5,2 %,

die gesamten Radreifenverluste:

Hinter- und Vorderräder: . . . . 21,0 %,

die Wagen-Nutzleistung, für Luftwiderstand,

Steigungen und Beschleunigung verfügbar: . . . . . 54 %,

der Eigenverbrauch des Renault-Wagens: . . . 46 %.

Die Radreifenverluste im einzelnen betragen:

an den Hinterrädern: . . . . 16,2 %,

an den Vorderrädern: . . . . 4,8 %.

Die Reifenverluste sind daher an den Hinterrädern infolge der Leistungsübertragung, im Zusammenhange mit den in den Gummireifen auftretenden tangentialen Formveränderungen, mehr als dreimal so groß als an den Vorderrädern, bei denen diese besonderen Formänderungen fehlen. —

Bild 13.

Energiediagramm des 20/30 PS-Renault-Wagens
für 60 km/St. Fahrgeschwindigkeit,
bezogen auf die

Motor-Nutzleistung (100 %) bei freiem Auspuff

(Motordrehzahl 1132 i. d. Min.).

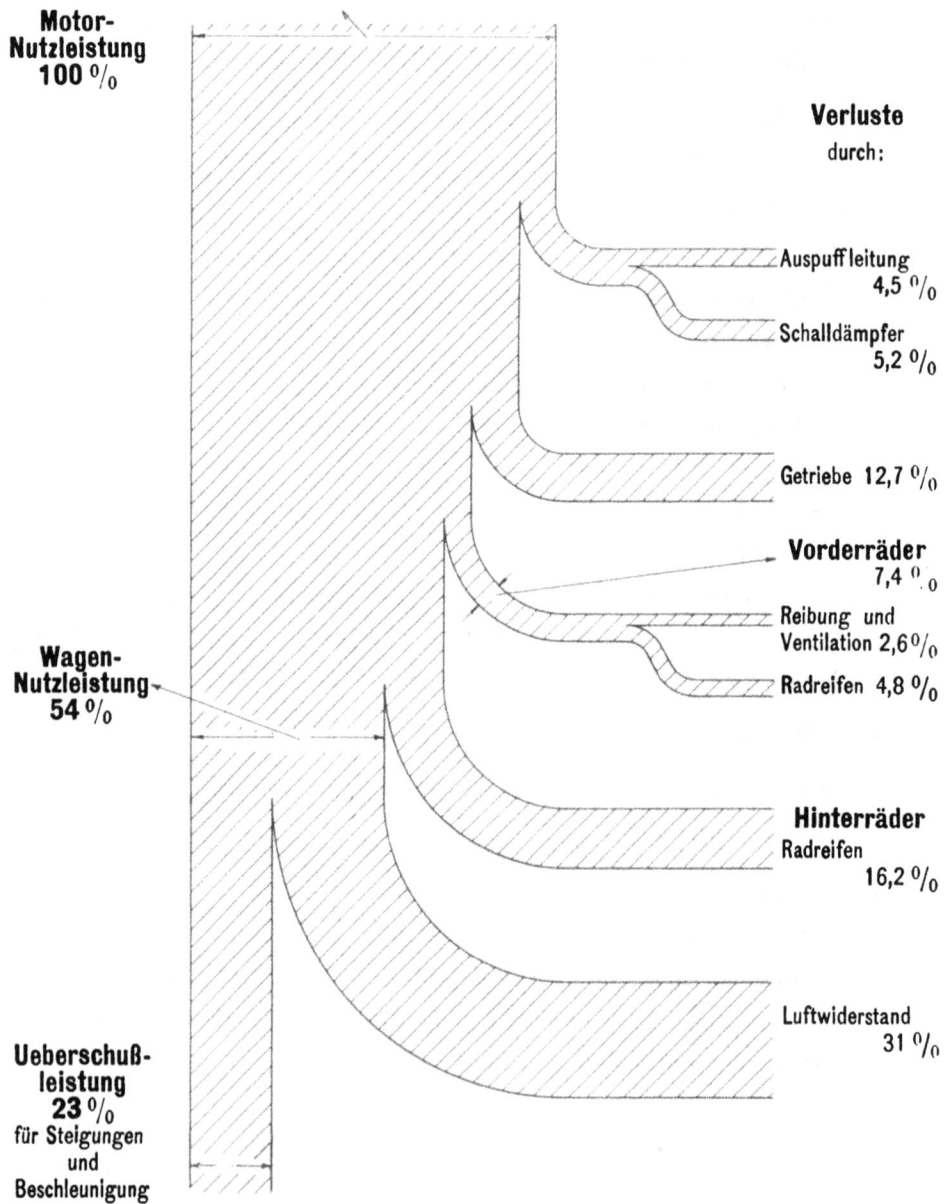

Motor-
Nutzleistung
100 %

Verluste
durch:

Auspuffleitung
4,5 %

Schalldämpfer
5,2 %

Getriebe 12,7 %

Vorderräder
7,4 %

Reibung und
Ventilation 2,6 %

Radreifen 4,8 %

Hinterräder
Radreifen
16,2 %

Wagen-
Nutzleistung
54 %

Luftwiderstand
31 %

Ueberschuß-
leistung
23 %
für Steigungen
und
Beschleunigung

Die viel erörterte Frage: Wie groß ist der Leistungsverlust zwischen Motorkupplung und Fahrbahn bei verschiedenen Geschwindigkeiten?

ist in der graphischen Darstellung Bild 14 beantwortet.

Im Bereiche wirtschaftlicher Fahrgeschwindigkeiten steigt der Leistungsverlust von 26,3 auf 31,6% der Motor-Nutzleistung. Der Wirkungsgrad sinkt von 73,7 auf 68,4%.

Bild 14.

Energieübertragung des 20/30 PS-Renault-Wagens
von der Motorkupplung zur Fahrbahn.

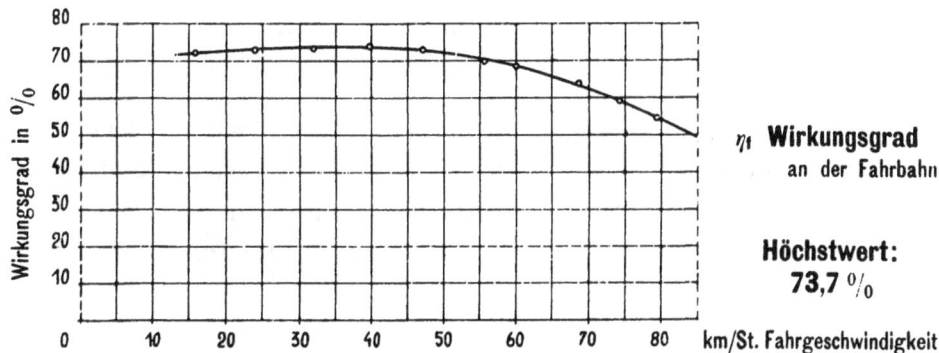

η_t **Wirkungsgrad**
an der Fahrbahn

Höchstwert:
73,7 %

Bild 15 zeigt die spezifische Motor-Nutzleistung.

Sie schwankt im Bereiche wirtschaftlicher Drehzahlen des Motors zwischen 4 und 6,1 PS für das Liter Hubvolumen des Motorzylinders.

Bild 15.

Spezifische Motor-Nutzleistung
des 20/30 PS-Renault-Wagens.

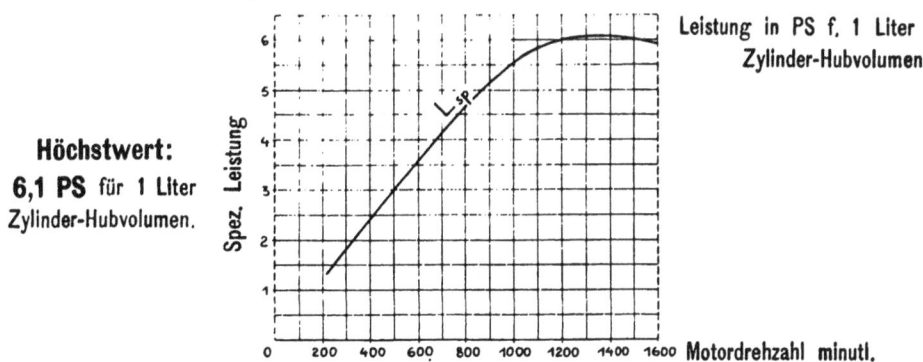

Höchstwert:
6,1 PS für 1 Liter
Zylinder-Hubvolumen.

Leistung in PS f. 1 Liter
Zylinder-Hubvolumen

Bild 16.
Spezifische Überschußleistung
des 20/30 PS-Renault-Wagens.

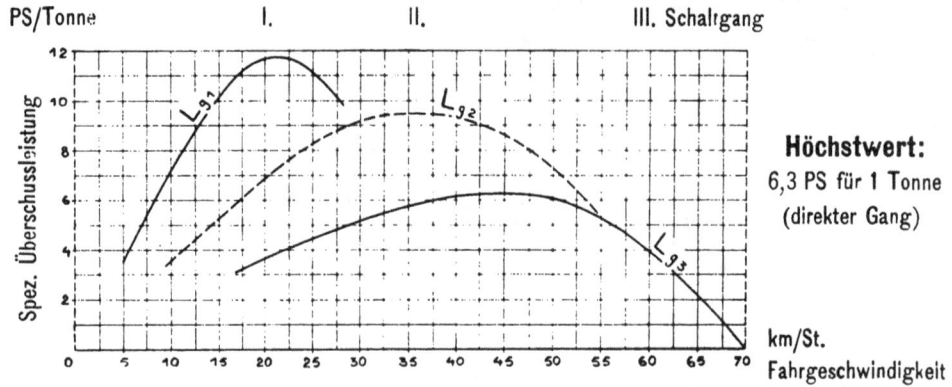

Bild 16 zeigt die spezifischen Überschußleistungen des Renault-Wagens für den I., II. und III. (direkten) Schaltgang.

Die Höchstwerte für die einzelnen Schaltgänge betragen:

für den I. Gang . . . . . . 11,7 PS,
„ „ II. „ . . . . . . 9,5 PS,
„ direkten „ . . . . . . 6,3 PS

für jede Tonne betriebsfähiges Eigengewicht des Wagens.

Im Bereich wirtschaftlicher Fahrgeschwindigkeiten — bei direktem Schaltgange — schwankt die spezifische Überschußleistung zwischen 3,0 und 6,3 PS pro Tonne.

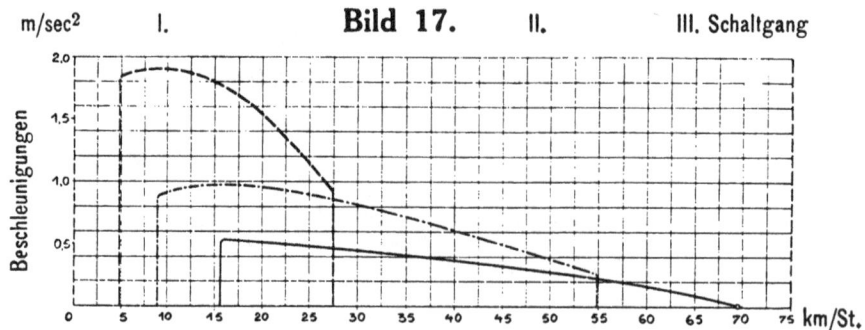

Bild 17.

Bild 17 zeigt das Beschleunigungsvermögen des Renault-Wagens bei den drei Schaltgängen des Vorwärtslaufes und verschiedenen Fahrgeschwindigkeiten in der Ebene.

Der Berechnung ist das Eigengewicht des Wagens von 1535 kg und 300 kg Belastung zugrunde gelegt.

Die Höchstwerte für die einzelnen Gänge betragen:

I. Gang . . . . 1,9 m/sec² bei 8 km/Std. Fahrgeschwindigkeit,
II. „ . . . . 0,98 „ „ 14 „ „
III. (direkter) Gang 0,53 „ „ 16 „ „

Diese Kurven ergeben sich mit geändertem Maßstab auch aus den Steigungskurven (Bild 10), da die Überschußenergie entweder zur Beschleunigung oder für Steigungen verbraucht werden kann, oder auch für beide gleichzeitig.

Die Brennstoff-Wirkungsgrade
sind in Bild 18 für den Renault-Wagen, sowie für dessen Motor dargestellt, bezogen auf die Motorgeschwindigkeit und auf die ursprüngliche Brennstoffenergie.

Der starke Abfall des Wagen-Wirkungsgrades gegenüber dem Motor-Wirkungsgrade ist durch die starke Zunahme der Getriebe- und Rollverluste bei hohen Fahrgeschwindigkeiten bedingt.

Bild 18.

Brennstoff-Wirkungsgrade

des

20/30 PS-Renault-Wagens,

bezogen auf den Heizwert des Benzins (100 %).

Höchstwert für den Motor: 22 %, für den Wagen: 14 %.

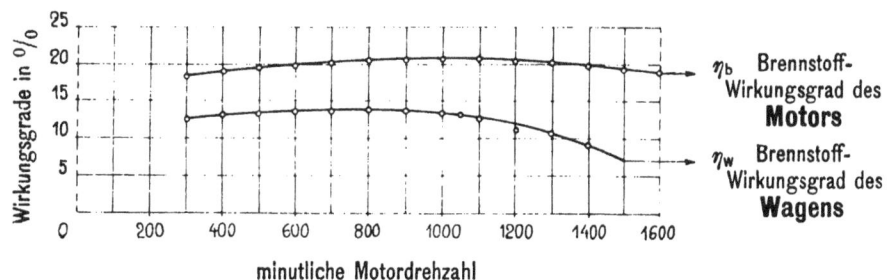

Versuchsreihen.

1. Getriebeverluste.

Die Getriebeverluste bei verschiedenen Fahrgeschwindigkeiten für die Vorwärtsgänge enthalten:

die Summe der Einzelverluste durch Wechselgetriebe, Gelenkwelle, Differenzial, Hinterradantrieb, einschließlich Windverlust (Ventilation) der umlaufenden Räder.

(Versuchsverfahren: siehe Bericht I S. 21).

Bild 19, 20, 21 und 22 zeigen die graphische Darstellung der Versuchsergebnisse (aus 3 Versuchsreihen als Beispiel ausgewählt),

und zwar Bild 19—21: die gemessenen Trommelleistungen und ihre errechneten Teilwerte, den R o l l v e r l u s t und den G e t r i e b e v e r l u s t als Funktion der M o t o r d r e h z a h l,

Bild 22: die G e t r i e b e v e r l u s t e der 3 Schaltgänge, bezogen auf die F a h r g e s c h w i n d i g k e i t.

Bei gleicher Fahrgeschwindigkeit, z. B. 20 km/St., verhalten sich die Verluste des I., II. und III. Schaltganges zueinander wie . . . 10 : 3 : 1, während die Getriebe-Übersetzungsverhältnisse des untersuchten Renault-Wagens sind: . . . . $\dfrac{1}{3,44}, \dfrac{1}{1,86},$ 1.

Bei gleicher Fahrgeschwindigkeit werden durch den Wechsel des Schaltganges nur die Drehzahlen der Treib- und der Hilfswelle mit ihren Zahnrädern im Wechselgetriebe verändert, während die Gelenkwelle und die Hinterachse konstante Umlaufzahl beibehalten. Deren Verluste bleiben daher konstant.

Somit ergibt sich, daß

bei gleicher Fahrgeschwindigkeit und gleicher übertragener Leistung der Getriebeverlust annähernd u m g e k e h r t p r o p o r t i o n a l dem Q u a d r a t e des Räder-Übersetzungsverhältnisses wächst.

Dieses auffällige Ergebnis hängt mit mehreren Einflüssen zusammen, die später auf Grund von Teilversuchen noch erörtert werden sollen.

Bild 19, 20 und 21.

Getriebeverluste des 20/30 PS-Renault-Wagens

für den I. Schaltgang.

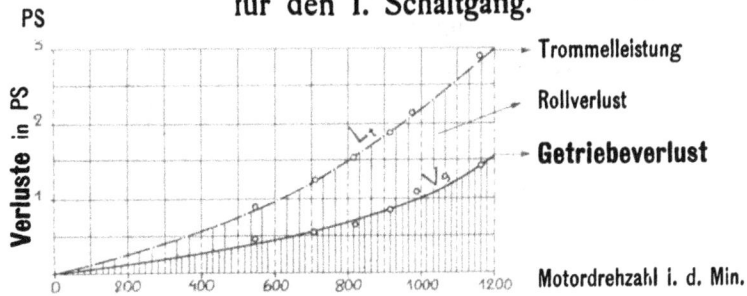

für den II. Schaltgang.

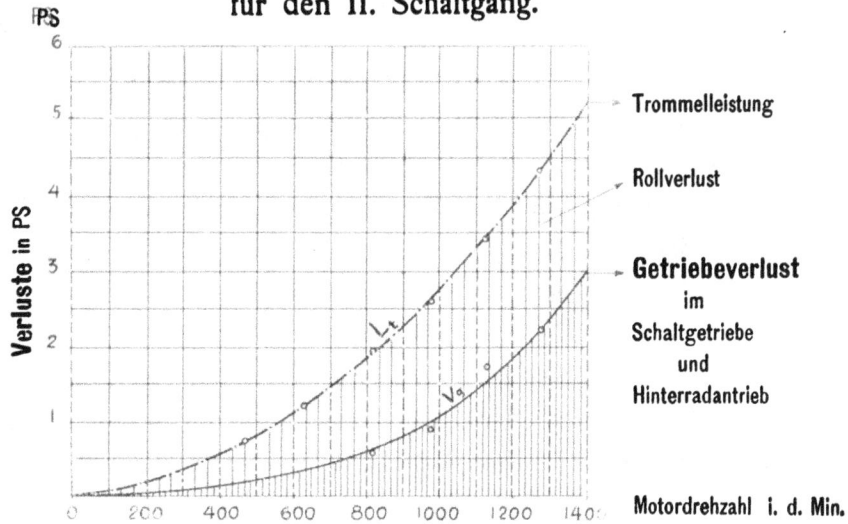

für den III. Schaltgang.

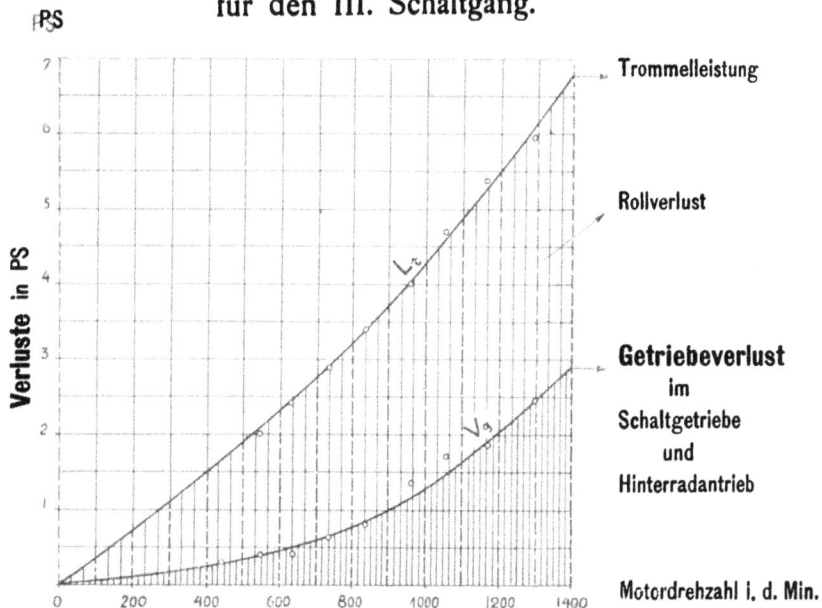

Bild 22.

Getriebeverluste

des 20/30 PS - Renault - Wagens
für die
Schaltgänge I, II und III.

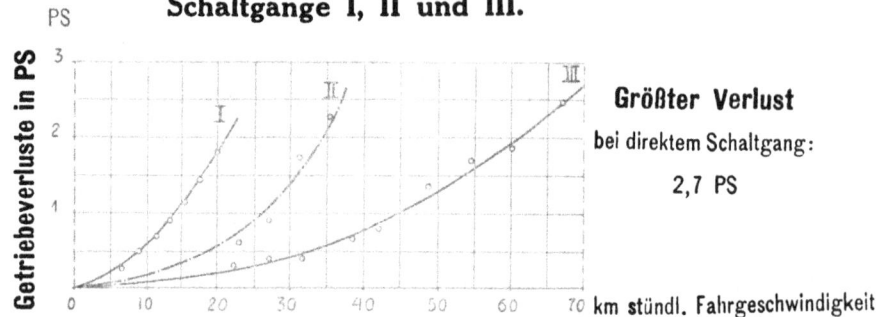

Größter Verlust

bei direktem Schaltgang:

2,7 PS

2. Vorderradverluste.

(Versuchsverfahren: siehe Bericht I S. 24.)

Bild 23 stellt die Teilverluste (Rollverlust und Lagerreibungs- mit Ventilationsverlust der umlaufenden Vorderräder) als Funktion der Fahrgeschwindigkeit dar.

Die Rollverluste an den Vorderrädern betragen w e n i g e r als ein D r i t t e l der Rollverluste der Hinterräder.

Über die Ursachen dieser geringen Verluste und anderseits der großen Hinterradreifen-Verluste, diese im Zusammenhange mit der zu übertragenden Leistung und den auftretenden tangentialen Formveränderungen der Reifen betrachtet, wird in einem besonderen Berichte über R o l l w i d e r s t ä n d e Näheres angegeben werden.

Bild 23.

Vorderradverluste.

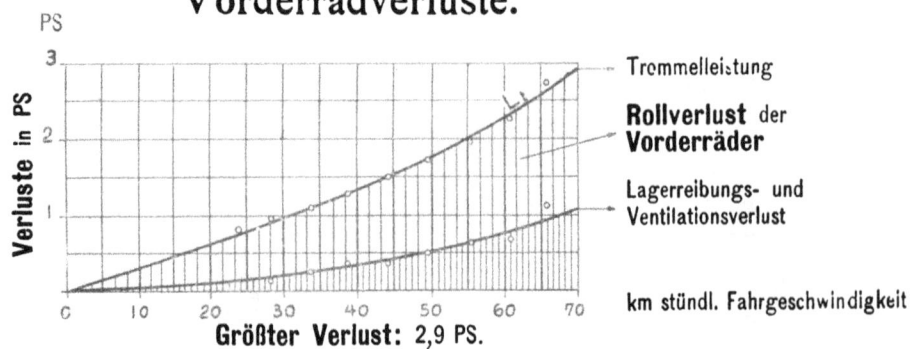

Trommelleistung

Rollverlust der
Vorderräder

Lagerreibungs- und
Ventilationsverlust

km stündl. Fahrgeschwindigkeit

Größter Verlust: 2,9 PS.

3. Benzinverbrauch für 100 km Fahrt in der Ebene.

In Bild 24 ist der Benzinverbrauch für 100 km bei direktem Antrieb (Schaltgang III) und verschiedenen Fahrgeschwindigkeiten dargestellt.

Bild 24.

Benzinverbrauch für 100 km Fahrt in der Ebene.

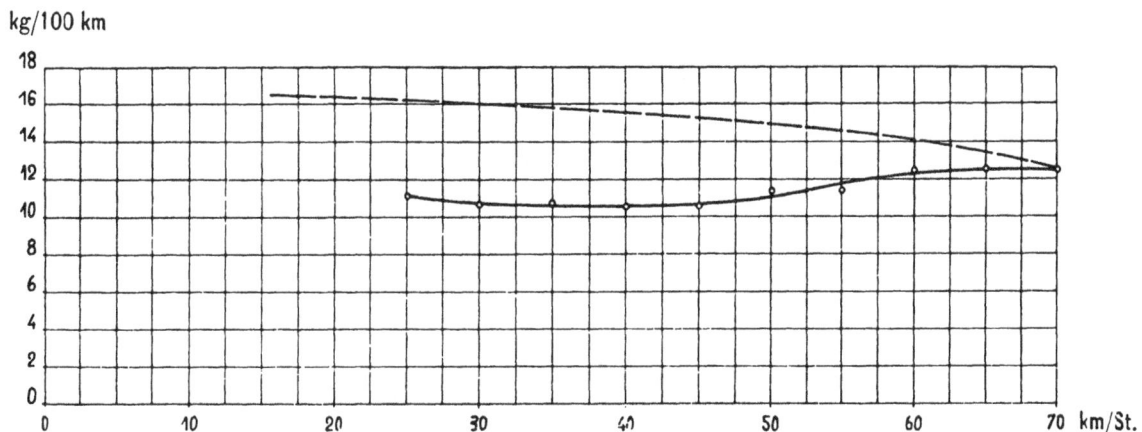

Die — hinsichtlich des Brennstoffverbrauchs —
wirtschaftlichste Fahrgeschwindigkeit ist: . . 40 km/St.

Das Ansteigen des Verbrauchs mit wachsender Fahrgeschwindigkeit
hängt mit den stark wachsenden Luftwiderständen des Wagens zusammen,
das Ansteigen mit abnehmender Fahrgeschwindigkeit mit der schlechteren
Brennstoffausnutzung im Motor (siehe den spezifischen Brennstoffverbrauch
in Bild 35).

Die gestrichelte Kurve stellt den Benzinverbrauch für 100 km Fahrt
bei ständiger Volleistung des Motors dar, aus dem stündlichen
Benzinverbrauch bei Volleistung (Bild 35) ermittelt.

Über Benzinverbrauch bei mittleren Fahrtverhältnissen folgen später
ausführlichere Angaben und Versuchsergebnisse.

Kleine und große Wagen können auf Grund dieser Ermittlungen
einwandsfrei verglichen werden, während die Vergleichung bisher vielfach nur auf Schätzung beruhte.

Über Versuchsfahrten siehe Seite 31.

4. Einfluß der Benzinleitung auf die Motorleistung bei Bergfahrten.

Die R e n a u l t - Wagen haben den Benzinbehälter, ähnlich wie fast alle K l e i n w a g e n, unterhalb des Führersitzes.

Das Benzin fließt daher dem Vergaser unter natürlichem Gefälle zu; dieses Gefälle ist abhängig von der S t e i g u n g der Fahrbahn und vom jeweiligen B e n z i n s t a n d e im Behälter. Von diesen beiden Faktoren wird daher auch die Motorleistung abhängig.

Bei allen Versuchen mit verschiedenen Behälterfüllungen und Steigungen blieb die Motorleistung bis nahe an die Grenzsteigung konstant, fiel dann wenig ab und sank in der Grenzsteigung p l ö t z l i c h auf Null.

Bild 25.

Befahrbare Grenzsteigungen,

abhängig von der

B e n z i n b e h ä l t e r - F ü l l u n g

(20/30 PS-Renault-Wagen).

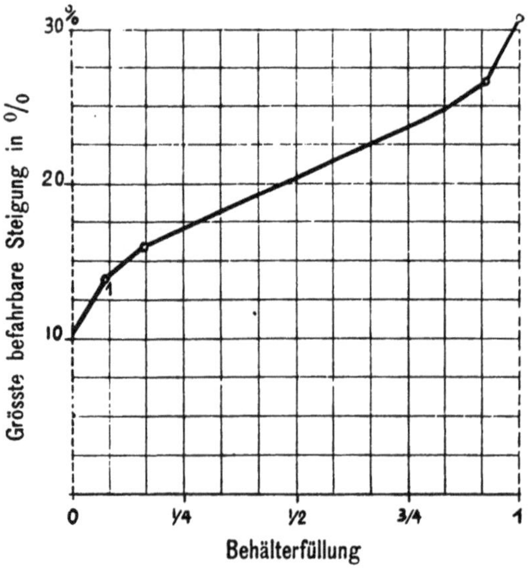

Bild 26.

Motorleistung,

abhängig von der Steigung

bei verschiedener

B e n z i n b e h ä l t e r - F ü l l u n g

(20/30 PS-Renault-Wagen).

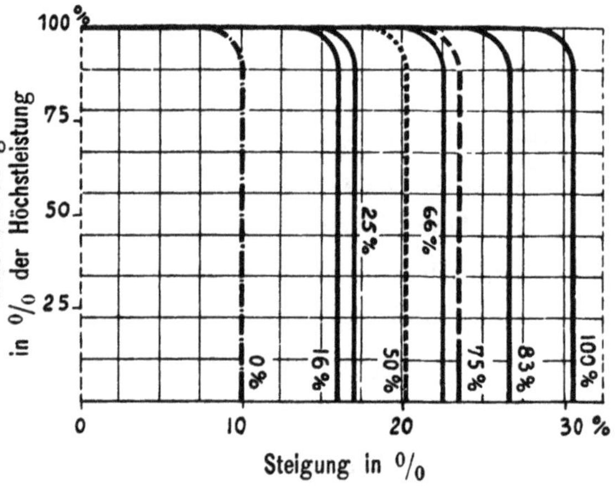

Bild 25 und 26 zeigen übersichtlich die Ergebnisse der Versuche und die befahrbare Grenzsteigung in ihrer Abhängigkeit vom Behälterinhalt.

Die Kurve der Grenzsteigungen (Bild 25) ist dreimal geknickt, da sich das Verhältnis: Höhenstand zu Benzinmenge beim Renault-Wagen infolge der besonderen Behälterform dreimal ändert (vergl. Bild 37 S. 35).

Der erste Knick der Kurve in Bild 25 (Punkt 1) entspricht der in Bild 37 schraffierten Behälterfüllung (4,6 l).

Die richtige Anordnung des Benzinbehälters im Zusammenhange mit den Grenzwerten der befahrbaren Steigungen ist entsprechend den Steigungskurven (Bild 10) zu beurteilen.

Die Anordnung des Behälters ist einwandfrei, wenn die befahrbare Steigung durch die Motorleistung, aber nicht durch Versagen der Brennstoffzufuhr bestimmt ist. Nach Steigungsdiagramm Bild 10 (S. 5) beträgt die befahrbare maximale Steigung für den I. Schaltgang und 4 Personen Wagenbesetzung etwa 19%.

Bei dem untersuchten Renault-Wagen ist obige Bedingung erfüllt, wenn die in Bild 25 dargestellten Grenzsteigungen bei jeder Füllung des Behälters über den Steigungskurven des Fahrdiagramms liegen.

Nach Bild 25 Punkt 1 beträgt bei dem bis zum Boden leeren Benzinbehälter (Inhalt 4,6 l = 8% der ganzen Behälterfüllung) die befahrbare Grenzsteigung 14%.

Um die der Motorleistung entsprechende größte Steigung von 19,5% fahren zu können, muß daher der Behälter mindestens zu 40% gefüllt sein.

Das im Steigungsdiagramm Bild 10 schraffierte Steigungsgebiet des I. Ganges ist mit dem 30 PS-Renault-Wagen nur unter der Voraussetzung dieser Füllung des Benzinbehälters befahrbar.

Einzelheiten der Versuche.

—

Bauart des untersuchten 20/30 PS-Renault-Wagens.

M o t o r : 4 Zylinder, 100 mm Durchmesser, 140 mm Hub, je zwei in einem Block. Ein- und Auslaßventile stehend auf einer Motorseite. Thermosyphonkühlung; der Kühler hinter dem Motor liegend.

Z ü n d u n g : im 1. und 3. Zylinder $10,7^0/_0$, im 2. und 4. Zylinder $10,5\%$ vor dem Totpunkte. Festeingestellte Lichtbogenzündung. Stromerzeugung durch Bosch-Magnetapparat.

K o m p r e s s i o n s r a u m im Mittel: 364 ccm (im 1. Zylinder: 360, im 2.: 380, im 3.: 346, im 4.: 370 ccm).

Hubvolumen eines Zylinders: 1099 ccm.

Kompressionsgrad: 4,02.

V e n t i l q u e r s c h n i t t e (Ein- und Auslaßventil): 9,40 qcm. Innerer Sitzdurchmesser beider Ventile: 36 mm. Ventilhub: 6,5 mm.

G e m i s c h b i l d u n g : in einem Spritzvergaser mit selbsttätiger Zusatzluftregulierung,

anfänglich nach Bauart R e n a u l t 1905, später nach Bauart 1909 (die Leistungsermittlungen beziehen sich nur auf diesen neuen Vergaser).

R e g u l i e r u n g der Motorleistung durch Änderung des Hubes und der Öffnungsdauer der Einlaßventile.

L e d e r k o n u s - K u p p l u n g : 80 mm Breite, 340 mm äußerer Durchmesser, Steigung der Kegelseite 1 : 4,5.

G e s c h w i n d i g k e i t s w e c h s e l - G e t r i e b e : 3 Vorwärtsgänge, 1 Rückwärtsgang in Reihenschaltung hintereinander.

Räderübersetzung zwischen Motor und Hinterachse:

I. Gang 1 : 10,8,

II. „ 1 : 5,83,

III. „ 1 : 3,14,

letzterer für unmittelbaren Eingriff (Übersetzung nur im Hinterradantrieb).

Kraftübertragung auf die Hinterachse: durch Welle mit 2 Gelenken.

Ausgleichräder im Differenzial: Stirnräder.

Radstand des Wagens: 2900 mm.

Spurweite des Wagens: 1380 mm.

Bereifung: Rechtes Vorderrad: 875 · 105, Gleitschutz.

Außendurchmesser: 908 mm (gemessen). Größte Eindrückung auf der Lauftrommel: 17 mm bei 370 kg Raddruck.

Linkes Vorderrad: 875 · 105, glatt.

Außendurchmesser: 890 mm (gemessen). Reifeneindrückung 16 mm bei 370 kg Raddruck.

Rechtes Hinterrad: 880 · 125, Gleitschutz.

Außendurchmesser: 897 mm (gemessen). Eindrückung: 15 mm bei 482,5 kg Raddruck.

Linkes Hinterrad: 880 · 125, Gleitschutz.

Außendurchmesser: 897 mm (gemessen). Eindrückung: 14 mm bei 482,5 kg Raddruck.

Luftdruck in den Reifen (in kaltem Zustande): 6 Atm. Überdruck während aller Versuche.

Wagengewicht im betriebsfertigen Zustande mit offener 4 sitziger vollständiger Karosserie samt Werkzeugen = 1535 kg, und zwar:

Vorderachsdruck: 740 kg,

Hinterachsdruck: 795 kg.

Die Hinterachse wurde während der Versuche mit 170 kg zusätzlich belastet.

Gesamtbelastung der Hinterachse: 965 kg.

1. Getriebeverluste.

Es ist die Annahme gemacht, daß die wirkliche Motorleistung auf dem W a g e n prüfstand und die wirklich abgegebene Nutzleistung gleich seien der auf dem M o t o r prüfstande besonders ermittelten Nutzleistung.

Bei dieser Annahme sind die Schwankungen in der Motor-Nutzleistung vernachlässigt, die durch verschiedene Nebeneinflüsse, wie Barometerstand, Feuchtigkeit der Luft usw., hervorgerufen werden. Die Größe dieser Schwankungen muß den Gegenstand besonderer Untersuchungen bilden.

Zur Ermittlung der Kurven für Kühlwasserverbrauch, Benzinverbrauch, wirtschaftlichen Wirkungsgrad, Wirkungsgrad der Übertragung zwischen Kupplung und Fahrbahn, sowie zur Aufstellung des Energiediagramms wurde die auf dem M o t o r p r ü f s t a n d ermittelte Nutzleistung des Motors und der wirkliche Gesamtgetriebeverlust benutzt.

Bei den übrigen Kurven ist der auf dem Wagenprüfstand ermittelte Getriebeverlust zugrunde gelegt. (Vergl. Bericht I S. 30.)

2. Motorreibungsverluste mit Kompression
bei verschiedenen Motordrehzahlen.
(Versuchsverfahren: siehe Bericht I Seite 21).

Bild 27 zeigt die Ergebnisse einer charakteristischen Versuchsreihe in graphischer Darstellung (Einzeldarstellung aus Versuchsreihen). Die Kurve für Motorreibungsverlust mit Kompression, ausschließlich der Verluste in den Rohrleitungen, ist ohne die zugehörige Trommelleistungskurve dargestellt.

Die gestrichelte Kurve zeigt, daß die Strömungs- und Ladewiderstände bei geschlossenem Regelorgan nur unerhebliche Mehrverluste ergeben. Das gibt einen Maßstab für die erreichbare Motorbremsung bei geschlossener Regulierung.

3. Motorreibungsverlust ohne Kompression.
(Versuchsverfahren: siehe Bericht I Seite 22.)

In Bild 28 ist der Motorreibungsverlust V_3 ohne Kompressions- und Ladearbeit (bei abgenommenen Ventildeckeln) dargestellt. Die Kurve für V_2 ist aus dem vorhergehenden Versuche (Bild 27) übernommen.

Bild 27 und 28.
Motorreibungsverluste.

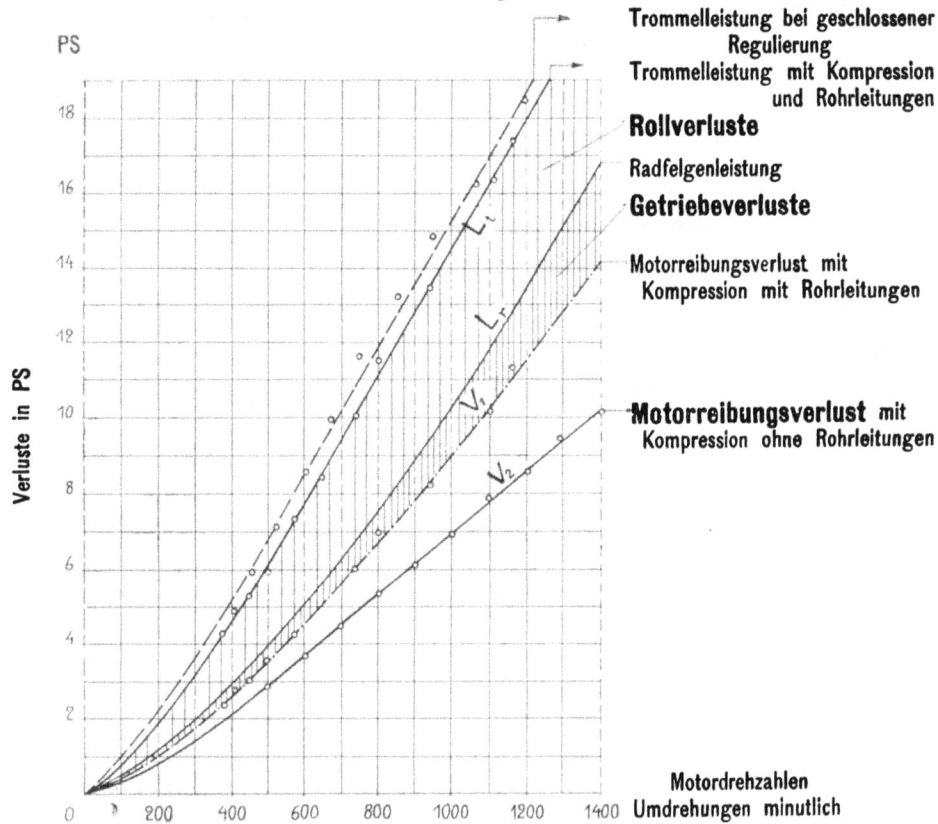

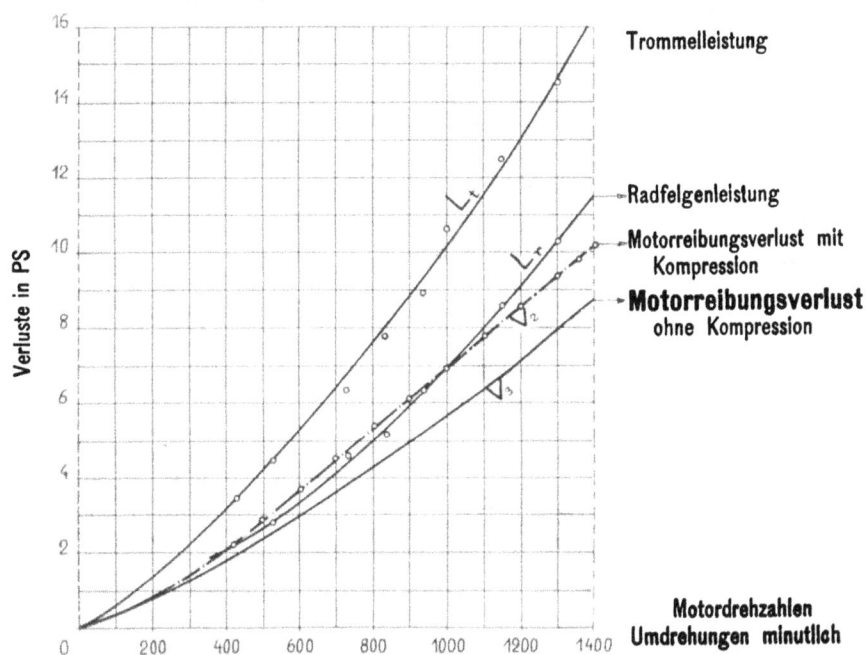

PS

Trommelleistung bei geschlossener
Regulierung
Trommelleistung mit Kompression
und Rohrleitungen
Rollverluste

Radfelgenleistung

Getriebeverluste

Motorreibungsverlust mit
Kompression mit Rohrleitungen

Motorreibungsverlust mit
Kompression ohne Rohrleitungen

Verluste in PS

Motordrehzahlen
Umdrehungen minutlich

Trommelleistung

Radfelgenleistung

Motorreibungsverlust mit
Kompression

Motorreibungsverlust
ohne Kompression

Verluste in PS

Motordrehzahlen
Umdrehungen minutlich

Das Mittel aus beiden kennzeichnet mit genügender Annäherung die Reibungsarbeit im Motortriebwerk und in der Steuerung, sowie den Energieaufwand für den Betrieb der Nebenteile: Magnetapparat, Kühlwasserpumpe, Ventilator usw.

Bild 29 zeigt den **spezifischen Motorreibungsverlust,** abhängig von der Motordrehzahl. Er gestattet im Zusammenhang mit der spez. Motor-Nutzleistung einen Vergleich von Motoren verschiedener Bauart und G r ö ß e hinsichtlich ihrer mechanischen Güte.

Bild 30 zeigt den **Betriebswirkungsgrad** d e s M o t o r s, als Maßstab der Güte seines m e c h a n i s c h e n Betriebszustandes (Ausführung, Schmierung).

Bild 31 zeigt die **spez. Nutzleistung,** den spez. Reibungsverlust und die **mittleren spez. Drücke,** bezogen auf Nutz- und Nennleistung des Motors.

Im Bereiche wirtschaftlicher Drehzahlen schwankt

die s p e z. M o t o r r e i b u n g zwischen 0,8 und 1,6 PS/Liter,

der B e t r i e b s w i r k u n g s g r a d zwischen 71 und 79 %,

„ mittl spez. Druck p_i zwischen 6 und 6,4 kg/qcm,

„ „ „ „ p_e „ 4,6 „ 5,3 kg/qcm.

Bild 29. Spezifischer Motorreibungsverlust.

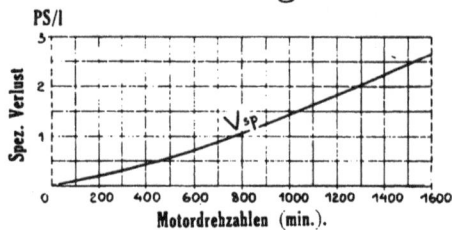

Bild 30. Betriebswirkungsgrad.

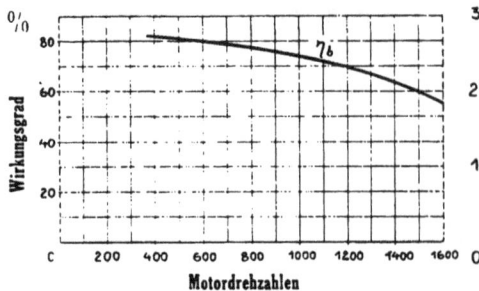

Bild 31. Spezifische Nutzleistung (mittlere spez. Drücke).

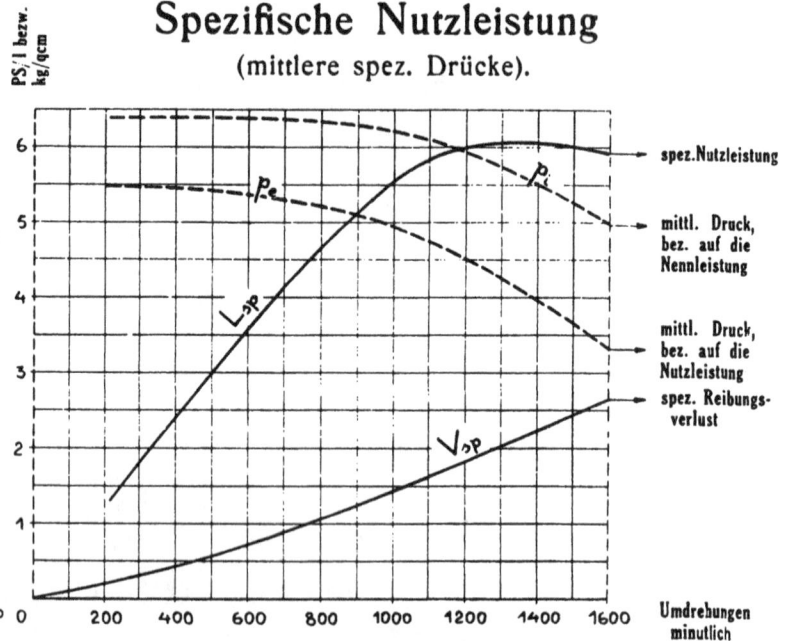

4. Volleistung des Motors, Benzinverbrauch und Kühlwassermenge.

(Versuchsverfahren: siehe Bericht I Seite 22.)

Heizwert und Dichte des Benzins

(Mittelwert aus 6 Einzeluntersuchungen):

unterer Heizwert des Benzins = 10 180 Wärme-Einheiten/kg,

Dichte des verwendeten Benzins = 0,708.

Bild 32 gibt die Teilwerte der gemessenen Leistung und die Übersicht über den Energiefluß vom Motor bis zur Fahrbahn.

Außerdem ist die auf dem Motorprüfstande ermittelte Nutzleistung des Motors eingezeichnet. Der Unterschied der beiden Nutzleistungskurven stellt hiernach dar: den Zuwachs an Getriebeverlust durch die Leistungsübertragung.

Bild 32.

Motorhöchstleistung für den III. Schaltgang.

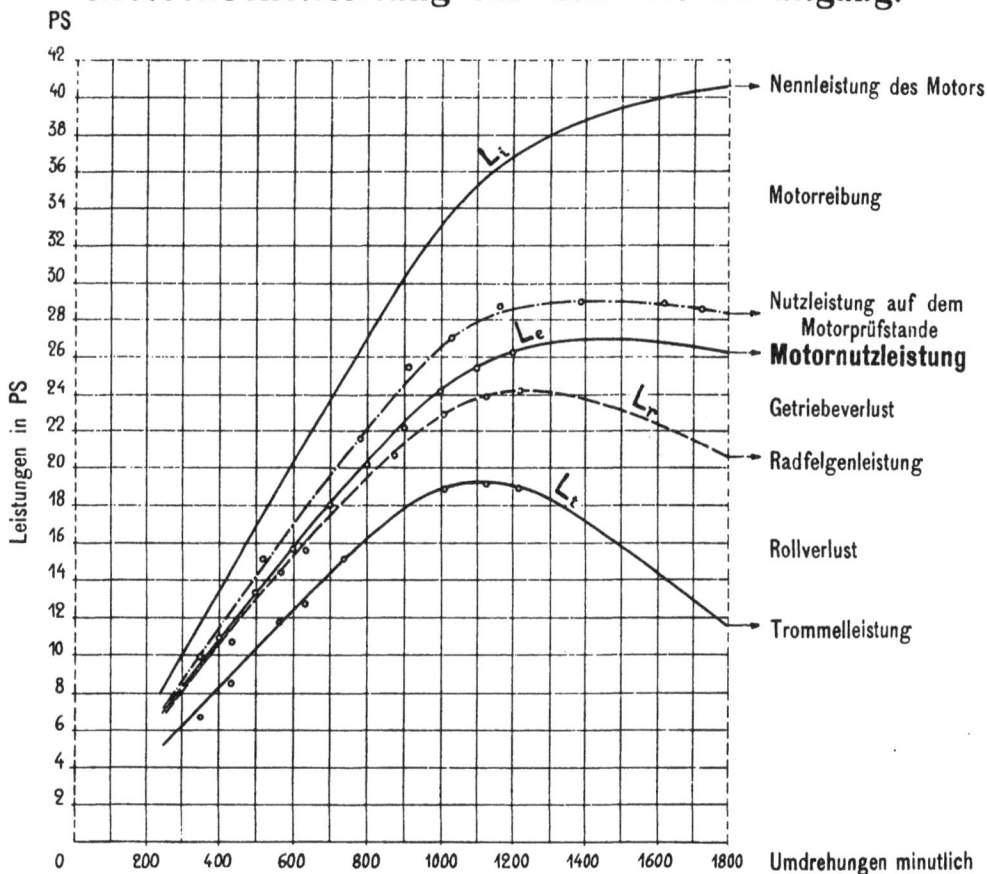

Bild 33.

Strömungsverluste
im Auspuff des 20/30 PS-Renault-Wagens
(Auspuffleitung und Schalldämpfer).

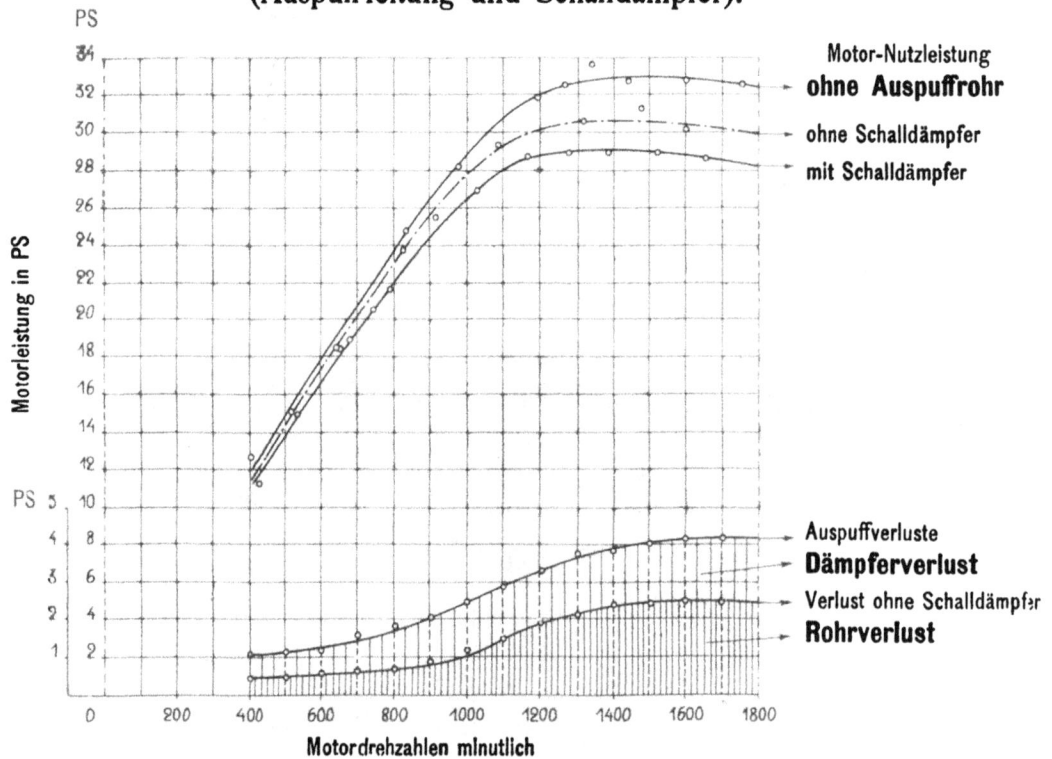

Bild 33 zeigt die am ausgebauten Motor auf dem Motorprüfstande ermittelten Leistungen, und zwar:

    Leistung bei freiem Auspuff ohne Auspuffrohr,

    „   „ angeschlossener Auspuffleitung ohne Schalldämpfer,

    „   „   „   „   mit Schalldämpfer.

Die Höchstleistung wurde bei 1450 Umdrehungen minutlich erreicht, und zwar ergab sich:

Höchstleistung bei freiem Auspuff . . . . 33 PS,

    „   „ angeschlossener Auspuffleitung . . . 30,6 „

    „   „ gedämpftem Auspuff 29   „

Im Bild 33 unten sind die S t r ö m u n g s v e r l u s t e   i m   A u s p u f f (Auspuffleitung und Schalldämpfer) bei verschiedenen Motordrehzahlen in größerem Maßstabe besonders aufgetragen.

Beim R e n a u l t-Wagen ist die Schalldämpfung des Auspuffs sehr gut, daher auch der Strömungsverlust infolge der Dämpfung groß.

Trotzdem ist d e r   L e i s t u n g s v e r l u s t   i m   A u s p u f f r o h r z. B. bei minutlich 1400 Umdrehungen des Motors 1,5 m a l   g r ö ß e r   a l s   i m S c h a l l d ä m p f e r. Nur bei Motordrehzahlen unter 1050 minutlich ist der Leitungsverlust kleiner als der Verlust durch den Schalldämpfer.

Die allgemein übliche Anschauung, welche dem Schalldämpfer den größeren Widerstand zuweist und in ihm das größere Übel sieht, ist daher für diesen Wagen nicht richtig.

Die Einsattlung bei 850 Umdrehungen min. in den unteren Kurven von Bild 33 ist die Folge von Resonanzschwingungen der Auspuffgase im Takt der Auspuffventile. Eine zweite geringere Einsattlung liegt bei min. 1700 Umdrehungen des Motors.

Die Abmessungen des Auspuffs sind: freier Querschnitt des Auslaßventils 9,4 qcm, des Auspuffrohrstutzens an den Motorzylindern 11,3 qcm, des Auspuffrohres zwischen dem Stutzen und Schalldämpfer 11,3 qcm, des Auspuffrohrs hinter dem Schalldämpfer 9,6 qcm.

Der Schalldämpfer hat vier Kammern; der freie Strömungsquerschnitt in den drei Trennungswänden beträgt je 19,7 qcm.

Bild 34 zeigt die stündlich abgeführte K ü h l w a s s e r w ä r m e als Funktion der Motordrehzahl, und zwar sowohl die gesamte als auch die spezifische Wärmemenge, bezogen auf die Nutz- und die Nennleistung des Motors. Die Kurven zeigen charakteristisch die Abhängigkeit der Kühlwasserwärme von der Motordrehzahl.

Die Kurve der gesamten abgeführten Kühlwasserwärme bildet den Ausgangspunkt für die U n t e r s u c h u n g   v o n   A u t o m o b i l k ü h l e r n.

Bild 34.

Kühlwasserwärme
(20/30 PS-Renault-Wagen).

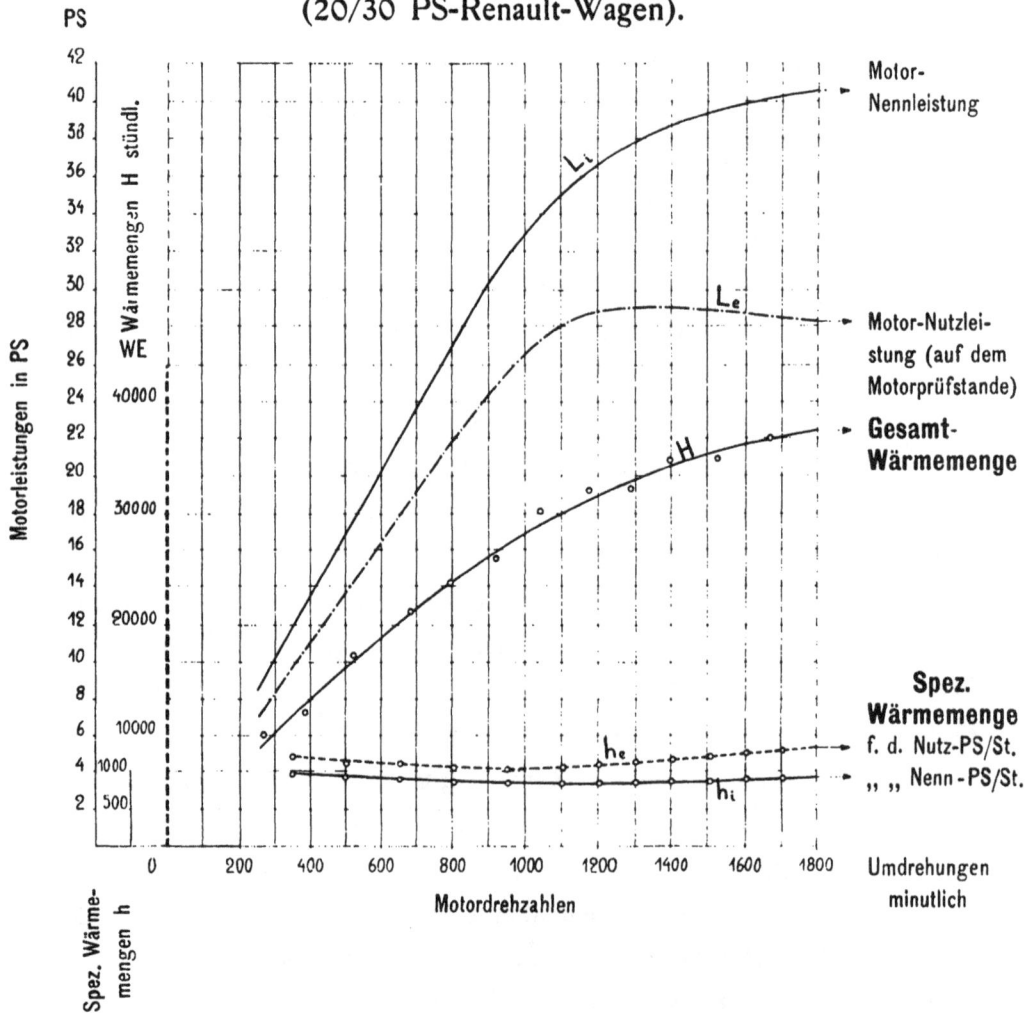

Bild 35 zeigt den stündlichen Gesamt-Benzinverbrauch, sowie den spezifischen Verbrauch, bezogen auf die Nutz- und Nennleistung.

Der geringste Brennstoffverbrauch für die Nutzpferdekraft und Stunde der Motorleistung ergibt sich zu 0,27 kg bei ungefähr 750 Umdrehungen minutlich, entsprechend etwa 40 km stündlicher Fahrgeschwindigkeit mit dem direkten Gang.

Bild 35. Benzinverbrauch.

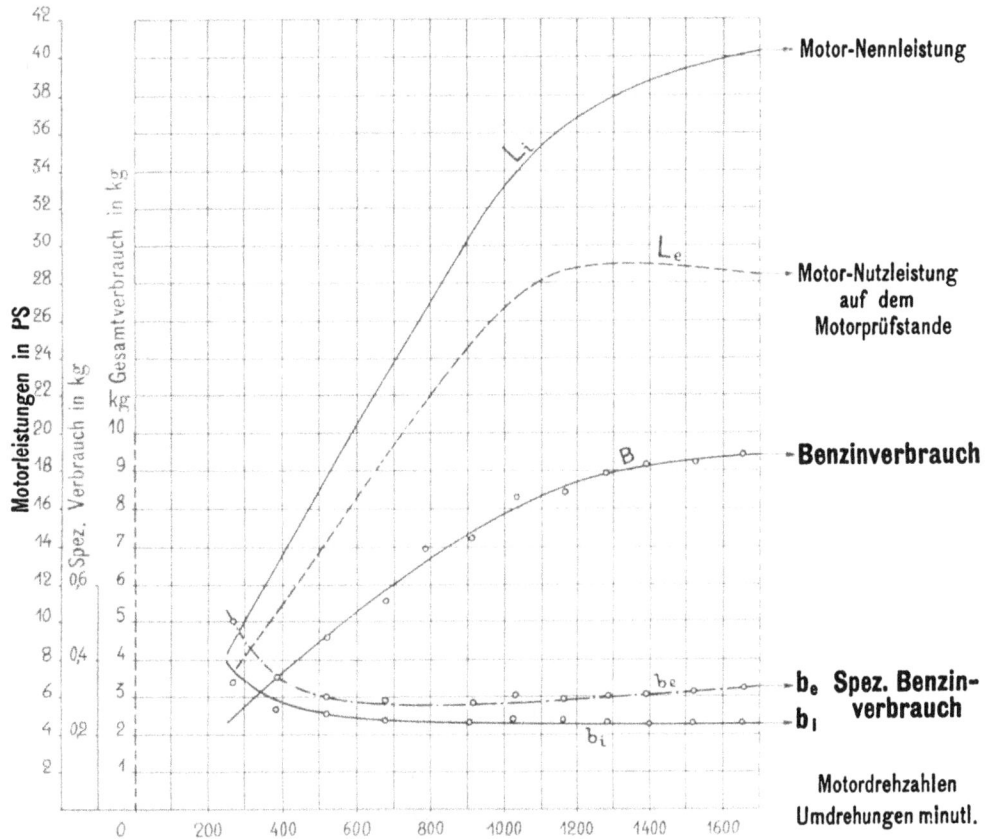

Bild 36. Motor-Nutzleistung bei verschiedener Regulierung.

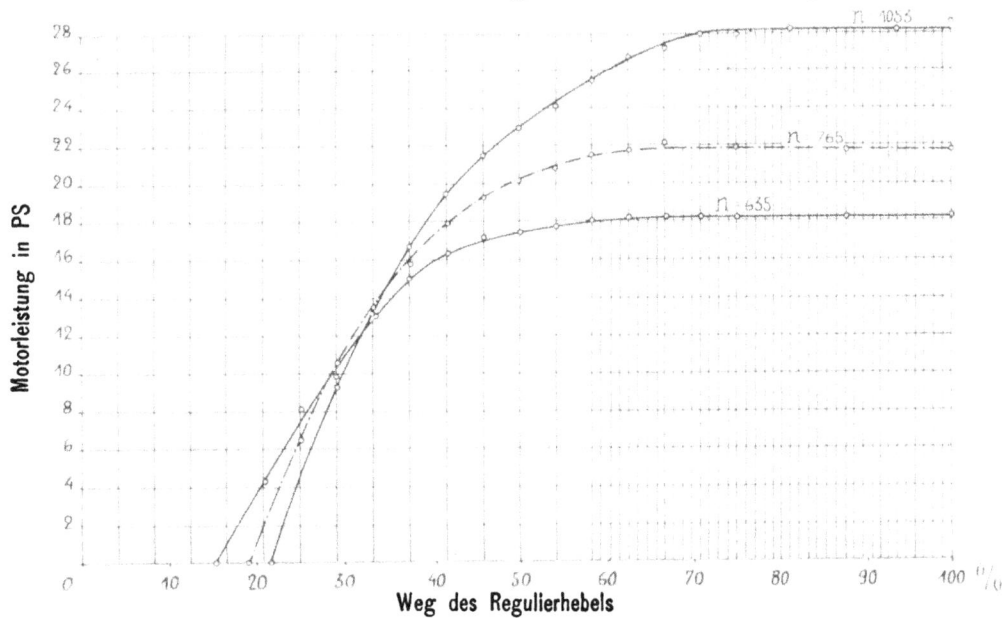

5. Motorleistung

bei konstanter Drehzahl und verschiedener Regulierung.

(Versuchsverfahren: siehe Bericht I Seite 24.)

Festzustellen ist: die Regulierfähigkeit und der Einfluß auf die Hubänderung der Einlaßventile des Motors, wobei

für konstante Drehzahl bei verschiedenen Stellungen des Regulierhebels die Motor-Nutzleistung zu bestimmen ist.

Bild 36 zeigt, daß beim Renault-Wagen keine Stetigkeit der Regulierung vorhanden war.

Von dem zur Verfügung stehenden Verstellwinkel der Steuerung werden nur $2/3$ ausgenutzt, worunter auch die Empfindlichkeit der Regulierung leidet. Die ausgeführte Regulierung entspricht nicht der Bedingung, daß die Leistung proportional zum Regulierweg sich ändert. Mit abnehmender Drehzahl setzt die Regulierung infolge der verringerten Strömungswiderstände und Reibungsverluste früher ein.

Zur Bestimmung der Stellung der Reguliervorrichtung ist der Drehwinkel des Steuerungshebels auf der Steuersäule innerhalb der wirksamen Verstellung in 8 gleiche Teile geteilt. Bei Teilstrich 0 ist die Reguliervorrichtung ganz geschlossen, bei Teilstrich 8 ganz geöffnet.

Die Regulierung des Renault-Motors, welche unzureichende Stetigkeit und zu geringe Empfindlichkeit zeigt, wäre vollkommener, wenn sich die Leistung proportional zum Regulierweg des Regulierhebels ändern würde.

Probe-Fahrten.

Mit dem R e n a u l t -Wagen wurden vor Beginn der Prüfstandversuche mehrere Probefahrten und eine 3 tägige Fahrt im Gebirge gemacht. Auffälliges konnte nicht bemerkt werden, sondern nur die Eigentümlichkeiten, die jeder Renault-Wagen infolge seiner Bauart zeigt.

Auf dem Prüfstande haben sich hingegen alsbald mehrere Mängel des Motors herausgestellt. Außerdem zeigten sich erst auf dem Prüfstande Mängel im Getriebe, unrunde Hinterräder und sonstige Ungenauigkeiten, die während der Fahrt nicht festgestellt werden konnten. Vor der Untersuchung auf dem Prüfstande wurden Motor und Wagen in untadelhaften Zustand gebracht.

Nach Abschluß dieser Versuche wurde der Wagen in unverändertem Zustande wieder auf der S t r a ß e gefahren, wesentlich um einige Meßwerte mit den Fahrtresultaten zu vergleichen. Hierbei wurde fast vollständige Übereinstimmung der gemessenen und berechneten Werte mit den Fahrtbeobachtungen festgestellt.

Die Höchstgeschwindigkeit z. B. wurde auf dem Prüfstande mit 69 km/St. bestimmt (Bild 9, Seite 4), bei 300 kg Wagenbelastung und 1535 kg Eigengewicht. Bei der P r o b e f a h r t mit 4 Personen ergab sich, als Mittel mehrerer Vergleichsfahrten, eine durchschnittliche Stunden-Höchstgeschwindigkeit von 68 km bei Fahrt in der Ebene.

Der geringe Unterschied von 1 km ist der Verschiedenheit der Fahrbahnen zuzuschreiben.

Der Holzbelag auf der Prüftrommel entspricht einer sehr guten Straße, aber durch die gekrümmte Laufbahn des Prüfstandes wird bei gleicher Belastung die größte Eindrückung der Reifen und damit auch die Formveränderungsarbeit etwas erhöht.

Die befahrene Straße im Südwesten von Berlin war gut und geteert, aber naß. Der Rollzustand auf ihr dürfte bei genaueren Messungen nur geringen Unterschied gegenüber den Prüftrommeln ergeben.

Bei den Versuchen auf dem Prüfstande wird nach etwa 10 Minuten, bei Volleistung des Motors und Motordrehzahlen von 1300 minutlich aufwärts, das A u s p u f f r o h r des Renault-Wagens g l ü h e n d. Das Glühendwerden tritt auch während der Fahrt ein, jedoch erst nach etwa $1/4$ Stunde Dauerfahrt mit Volleistung und erst bei Fahrgeschwindigkeiten über 70 km, die nicht mehr auf ebener Straße, sondern nur im Gefälle erreicht werden.

Dieser Unterschied erklärt sich durch den Einfluß des Luftzugs, der das Auspuffrohr bei scharfer Fahrt kühlt, während die gleiche Wirkung auf dem Prüfstande fehlt.

Auf die Zylindertemperatur und damit auf den Verbrennungsvorgang und die Motorleistung hat dies keinen Einfluß, da hierfür nicht die äußerliche nachträgliche Wärmeableitung außerhalb des Motors, sondern die Kühlwassertemperatur maßgebend ist. Die Genauigkeit der Meßergebnisse wird durch diese nachträgliche Wärmeableitung nicht nennenswert beeinflußt. Der Luftzug während der Fahrt kommt in erster Linie dem Auspuffrohr zugute, weshalb das Glühendwerden erst später eintritt. —

Die Versuche wurden mit einem R e n a u l t - Wagen Bauart 1905, unmittelbar dem Betriebe entnommen, durchgeführt, dessen verschiedene kleine Mängel vor Beginn der Messungen behoben wurden. Bei den Versuchen wurde jedoch ein R e n a u l t - Vergaser 1909 benutzt.

Die Bauart der 30 PS - R e n a u l t - Wagen 1910 ist im wesentlichen dieselbe wie die von 1905. Die Abänderungen beziehen sich nur auf Nebenteile, Vorwärmung der Luft und Getriebeübersetzungen.

Die wesentlichsten Versuche wurden trotzdem mit einem Renault-Wagen der Bauart 1910 wiederholt.

Die Verschiedenheit der Übersetzung zwischen Motor und Hinterachse ergab Änderungen im Fahrdiagramm, jedoch unwesentlicher Art.

Einfluß der Benzinbehälter auf die Motorleistung bei Bergfahrten.

Bei den Renault-Wagen fließt das Benzin dem Vergaser mit natürlichem Gefälle zu, aus hochliegenden Behältern unterhalb der Vordersitze, wie sie auch bei Kleinwagen der Einfachheit halber ausgeführt werden. Diese Behälter sind gut geschützt, mechanischen Beschädigungen entzogen, haben aber den Nachteil, daß das Gefälle zwischen dem Benzinstand im Behälter und dem Schwimmer des Vergasers beschränkt ist und von der Steigung der Fahrbahn und der jeweiligen Füllung des Behälters abhängt. Daher wird auch die Motorleistung durch diese beiden Faktoren beeinflußt, und auf Bergfahrten nimmt die Gefällshöhe des Benzinzuflusses bei entsprechend großer Steigung soweit ab, daß der Motor versagt.

Die Abhängigkeit läßt sich nicht beseitigen, da die Höhenlage des Benzinbehälters durch den Wagenaufbau, die Sitze und den beschränkten Raum gegeben ist.

Bei andern Großwagen ist der Benzinbehälter tief liegend, hinten am Rahmen zwischen den Hinterrädern angehängt. Maßgebend ist nur die Raumfrage. Nur hinten lassen sich große Behälter leicht unterbringen.

Im übrigen haben die tief liegenden Behälter nur Nachteile: sie sind schlecht geschützt, mechanischen Beschädigungen ausgesetzt, insbesondere durch Steinschlag von den Rädern her. Die lange Benzinleitung zum Motor muß den großen Formänderungen des Rahmens folgen, und Undichtwerden kann vorkommen.

Außerdem müssen tief liegende Behälter unter Druck gesetzt werden (durch Aufpumpen vor dem Anfahren, durch verminderten Auspuffdruck während der Fahrt), um das Benzin zum Vergaser zu bringen. Störungen in dieser Druckvorrichtung, insbesondere dem dazu notwendigen Reduzierventil (z. B. durch Verunreinigungen im Auspuff und Undichtwerden der Leitungen), sind nicht ausgeschlossen und haben schon manchem Fahrer Ärger bereitet, weil die Störung nicht immer rasch gefunden und beseitigt werden kann. Bei Wettfahrten haben wiederholt beste Wagen nur wegen solcher nebensächlichen Störungen den Sieg verloren.

Daß von solchen unter Druck stehenden, tief liegenden Behältern aus das Benzin auch bei jeder Steigung der Bergfahrt dem Vergaser zugeführt wird, ist kein Vorzug dieser Behälter, denn schließlich können auch hoch liegende Behälter unter Druck gesetzt werden, wenn diese Komplikation überhaupt in den Kauf genommen wird.

Um die erwähnte A b h ä n g i g k e i t d e r M o t o r l e i s t u n g von der B e n z i n z u l e i t u n g b e i B e r g f a h r t e n und die b e f a h r b a r e G r e n z s t e i g u n g für Wagen mit hoch liegendem Benzinbehälter festzustellen, sind im Laboratorium für Kraftwagen entsprechende Versuche durchgeführt worden. Hierbei ist der Einfluß der Lage des S c h w i m m e r s zur D ü s e (vor, hinter oder seitlich neben der Düse) nicht berücksichtigt, da es sich hier nur um eine Übersicht handelt. Die Einzelheiten werden später im Zusammenhang mit Vergaser-Versuchen behandelt werden.

Versuchsverfahren.

Der Wagenmotor treibt den Prüfstand. Bei konstanter Umlaufzahl des Motors wird die an den Prüfstand abgegebene Leistung gemessen. Um den Wagen entsprechend den verschiedenen Steigungen einstellen zu können, ist die Vorderachse an einem Kran befestigt und wird nach Bedarf hochgezogen. Ist die Grenzhöhe erreicht, bei der der Motor v e r s a g t , dann wird der Höhenunterschied zwischen dem Benzinspiegel im Behälter und dem Sitz der Schwimmernadel des Vergasers gemessen und die Behälterfüllung festgestellt.

Die Hinterachse wird bei allen Versuchen entsprechend dem normalen Betriebe belastet, normale Bereifung verwendet und der Maschinengang bei Steigungsänderung in bestimmten Absätzen (beim R e n a u l t - Wagen von je 5 cm, an der Vorderachse gemessen) für verschiedene Benzinstände im Behälter untersucht.

Bei allen Versuchsreihen wurde die Umlaufzahl des Motors konstant erhalten, und es wurden gemessen:

> die Steigung in Prozenten der Weglänge,
>
> die vom Prüfstande abgegebene elektrische Leistung,
>
> die Umdrehungsgeschwindigkeit des Motors und
>
> die Benzinmenge im Behälter nach jedesmaligem gänzlichen Versagen (Stehenbleiben) des Motors.

Mit Hilfe des Prüfstands-Wirkungsgrades wird dann die von den Hinterrädern abgegebene Trommelleistung bestimmt.

Die wesentlichen Ergebnisse der Benzinbehälter-Versuche mit dem 20/30 PS-Renault-Wagen sind auf S. 18 angegeben.

Bei allen Versuchen mit verschiedenen Behälterfüllungen und auf verschiedenen Steigungen blieb die Motorleistung bis nahe an die Grenzsteigung konstant, fiel dann wenig ab und sank in der Grenzsteigung plötzlich auf Null (siehe Bild 26, S. 18).

Bild 37 zeigt schematisch die Anordnung des Benzinbehälters des untersuchten Renault-Wagens und der Rohrleitung zum Schwimmer.

Der Behälter hat rechteckigen Querschnitt, ist 400 mm breit, 210 mm hoch. An der unteren Seite sitzt ein kegelförmiger Abflußstutzen, in dessen Spitze die Benzinleitung mündet. Der Behälter faßt 60 l. Als Nullfüllung ist der Benzinstand in der Spitze des kegelförmigen Abflußstutzens festgelegt.

Schlägt man um die Sitzmitte der Schwimmernadel einen Kreis mit r = 50 mm, entsprechend dem oben ermittelten kleinsten Höhenunterschied, so stellen die an den Kreis gelegten Tangenten die Höhenlage einer bestimmten Behälterfüllung in der Grenzsteigung dar. Ein um den mittleren Berührungspunkt der Tangenten mit der Einheitslänge 100 als Radius geschlagener Kreis gestattet die Ablesung der Grenzsteigung in Prozenten der Weglänge.

Bild 37.

Benzinbehälter

des 20/30 PS-Renault-Wagens.

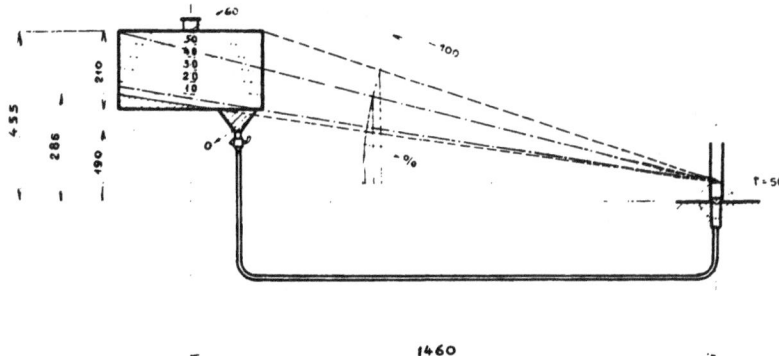

Bild 38.

Befahrbare Grenzsteigungen
(15 PS-Kleinwagen).

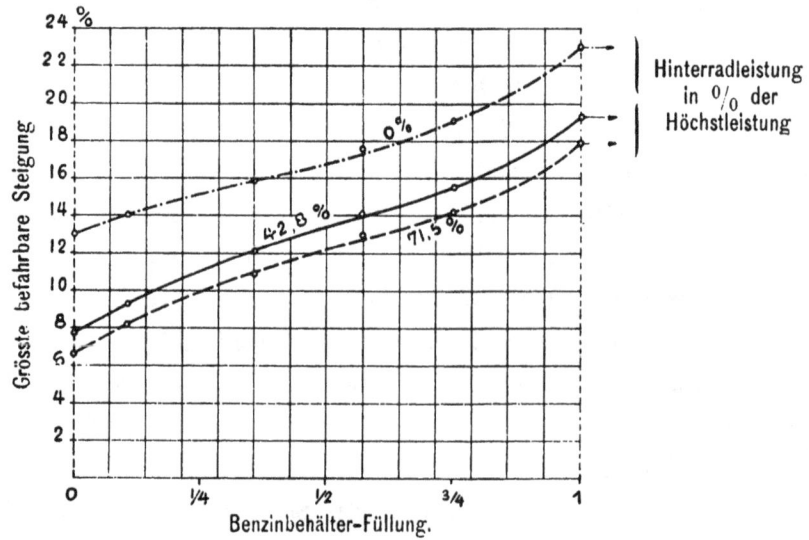

Bild 39.

Motorleistung, abhängig von der Steigung
bei verschiedener
Benzinbehälter-Füllung
(15 PS-Kleinwagen).

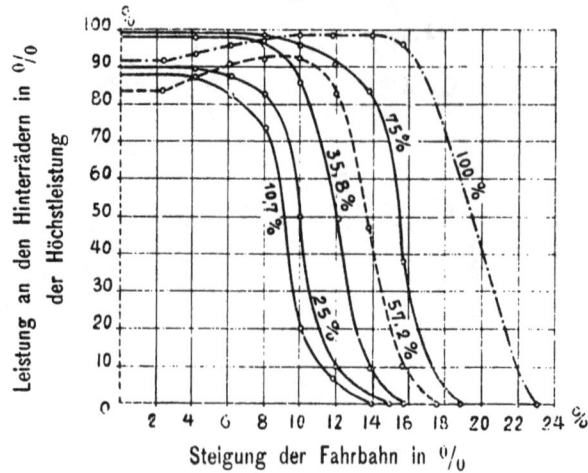

Vergleichsversuche mit Kleinwagen.

Kleinwagen besitzen meist hoch liegende Benzinbehälter. In den Bildern 38 und 39 sind Ergebnisse der Versuche mit einem K l e i n w a g e n zum Zwecke des Vergleichs mit dem Renault-Wagen dargestellt. Zu den Versuchen wurde ein

Kleinwagen mit z y l i n d r i s c h e m B e n z i n b e h ä l t e r
von 28 l Inhalt, 255 mm Durchmesser

verwendet.

Der Kurvenverlauf in Bild 39 ergibt:

Bei s c h l e c h t g e f ü l l t e m B e n z i n b e h ä l t e r (10,7 % Füllung) nimmt die von den Hinterrädern abgegebene Leistung schon bei 6 % S t e i g u n g ab. Versagen des Motors tritt bei 12—14 % Steigung ein

Bei voll gefülltem Behälter beginnt der Abfall der Leistung erst bei 16 %, das Versagen des Motors bei 20—23 % Steigung.

Es lassen sich die G r e n z k u r v e n Bild 38 aufstellen, welche den Leistungsabfall, bezw. das völlige Versagen des Motors für einen bestimmten Teil der Volleistung, z. B. 42,8 %, 71,5 %, kennzeichnen. Die bestimmenden Punkte der Grenzkurven sind die Schnittpunkte der Abszissen für Voll-, Mittel- und Null-Leistung mit den Leistungskurven (Bild 39). Aus diesen Grenzkurven ist das früher Gesagte deutlich erkennbar.

Auf den größten befahrbaren Steigungen ist daher der Motorbetrieb beim R e n a u l t - Wagen und anderen Wagen mit hoch liegendem Behälter und natürlichem Gefälle zwischen Benzinbehälter und Vergaser nur bei a u s r e i c h e n d e r B e h ä l t e r f ü l l u n g möglich. Bei einem Reisewagen kann dies daher große Unannehmlichkeiten im Gefolge haben, namentlich da diese Abhängigkeit vielen Benutzern von Reisewagen nicht einmal ausreichend bekannt ist.

Der Unterschied des Bildes 38 von dem entsprechenden Bild 25 des R e n a u l t - Wagens liegt darin, daß dort die Kurven für die verschiedenen Leistungen in eine einzige Kurve zusammenfallen (siehe den plötzlichen Abfall der Kurven in Bild 26). Als Folge der runden Behälterform erscheinen die Grenzkurven in Bild 38 mit allmählichen Übergängen und nicht geknickt, wie (in Bild 25) beim R e n a u l t - Wagen.

Während der Versuche zur Ermittlung der unteren Grenzsteigung bei verschiedenen Behälterfüllungen müssen tunlichst die praktischen Betriebsverhältnisse eingehalten werden, damit Schwingungen des Wagens nach allen Raumrichtungen, wie bei der praktischen Fahrt, auftreten können.

Diese Voraussetzung ist während der Versuche nur unvollkommen erreichbar. Die Abweichungen von der Wirklichkeit sind aber belanglos, um so mehr, als es sich hier nur um Nebeneinflüsse handelt, die von der besonderen Form des Behälters, insbesondere seines Bodens, abhängen. Während der Fahrt auf Durchschnittsstraßen werden wesentlich größere Schwankungen des Benzinstandes auftreten als auf dem Prüfstande, insbesondere bei Stoßwirkungen, bei großen Geschwindigkeitsänderungen usw.

Es wird daher in Wirklichkeit der B e g i n n des Leistungsabfalles e t w a s f r ü h e r eintreten, als auf dem Prüfstande beobachtet. Andrerseits können während der Fahrt starke Schwankungen des Wagens dem Motor noch Benzin zuschleudern, das statisch bei gewöhnlichen Schwankungen nicht mehr zum Vergaser gelangen könnte. Das v o l l s t ä n d i g e V e r s a g e n des Motors wird daher in Wirklichkeit etwas s p ä t e r eintreten, als die Meßwerte ergeben.

Laboratorium für Kraftfahrzeuge

an der

Königl. Technischen Hochschule

zu Berlin

Untersuchung eines

100 PS-Benz-Rennwagens

der Rheinischen Gasmotoren-Fabrik Benz & Cie. in Mannheim

—+—

Mit 35 Abbildungen

Untersuchung eines 100 PS-Benz-Rennwagens

der Rheinischen Gasmotoren-Fabrik B e n z & C i e. in Mannheim

(Wagen der Prinz Heinrich-Fahrt 1910).

Bauart des B e n z - Wagens: Seite 20.

Versuchsverfahren: Bericht I Seite 20—34.

Übersicht über die Versuchsergebnisse

des

Benz-Rennwagens,

sämtlich bezogen auf den IV. (direkten) Schaltgang und auf die für das Rennen vorgeschriebene Belastung des Wagens (3 Personen).

		Näheres hierzu Seite:
E r r e i c h b a r e H ö c h s t g e s c h w i n d i g k e i t des B e n z - R e n n w a g e n s bei Fahrt in der Ebene, ohne Mit- oder Gegenwind:.	134 km/St.	4, 9
G r ö ß t e M o t o r - N e n n l e i s t u n g :	118 PS	3
G r ö ß t e M o t o r - N u t z l e i s t u n g bei schwach gedämpftem Auspuff und minutlich 2050 Umdrehungen des Motors:	104 PS	3
G r ö ß t e s p e z i f i s c h e M o t o r - N u t z l e i s t u n g bei minutlich 2050 Umdrehungen des Motors, bezogen auf das Liter Zylinder-Hubvolumen:	14,2 PS	6
G r ö ß t e s p e z i f i s c h e Ü b e r s c h u ß l e i s t u n g des B e n z - W a g e n s, bezogen auf die Tonne betriebsfertiges Eigengewicht bei 85 km stündlicher Fahrgeschwindigkeit:	29,2 PS	8

Seite:

Größtes Beschleunigungsvermögen
des Benz-Rennwagens bei 60 km stünd-
licher Fahrgeschwindigkeit: . . . . 0,93 m/sec^2 8

Betriebswirkungsgrad des Motors
im Bereiche von minutlich 800—2400 Umdrehungen des Motors . . . . 91—81 % 14

Wagen-Nutzleistung (für Luftwiderstand verfügbar) bei 134 km/St.: . . . . 51,6 % 5
der Motor-Nutzleistung.

Wirkungsgrad des Benz-Wagens
zwischen Motorkupplung und Fahrbahn im
Bereiche stündlicher Fahrgeschwindigkeiten
von 70 bis 134 km: . . . . 71,5—60 % 6

Mittlerer spezifischer Arbeitsdruck
auf den Motorkolben im Bereiche der Motordrehzahlen von minutlich 800—2400:

p_i, bezogen auf die Nennleistung des Motors.
zwischen . . . . 8,0 u. 6 kg/qcm 16

p_e, bezogen auf die Nutzleistung des Motors,
zwischen . . . . 7,2 „ 4,8 „ 16

Einzelheiten der Versuchsergebnisse.

Das Fahrdiagramm

(Bild 40) zeigt für den IV. (direkten) Schaltgang:

die Motor-Nennleistung L_i, aus der gemessenen Nutzleistung
und dem gemessenen Eigenwiderstande ermittelt,

die Motor-Nutzleistung L_{e1}, auf dem Motor-Prüfstande, und

die Motor-Nutzleistung L_{e2}, auf dem Wagen-Prüfstande gemessen, außerdem:

die Radfelgenleistung L_r,

die Trommelleistung L_t, auf dem Wagen-Prüfstande gemessen,
und damit

die Wagen-Nutzleistung L_n.

Bild 40.

Fahrdiagramm des 100 PS-Benz-Rennwagens.

Motor- und Wagen-Nutzleistungen für den direkten Schaltgang.
Luftwiderstand und Höchstgeschwindigkeit.

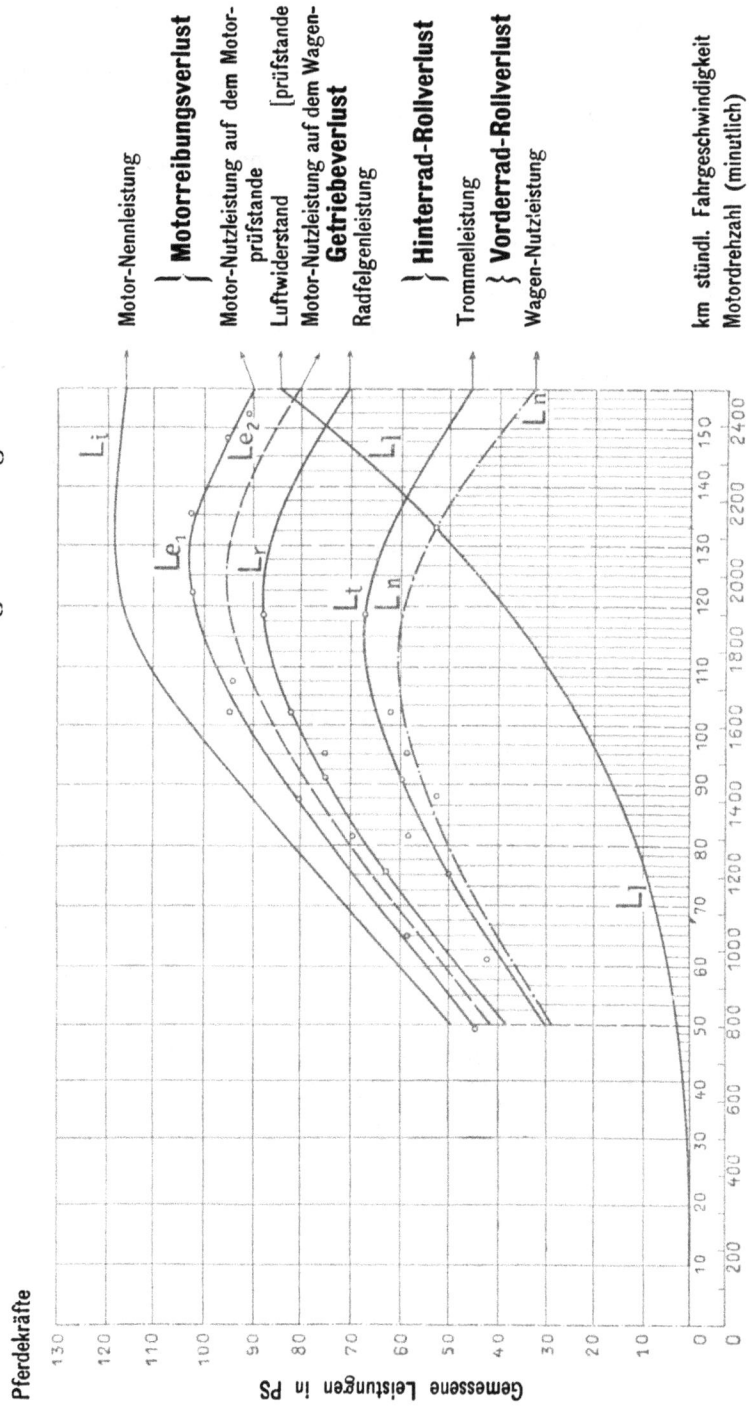

Motor-Nennleistung

$\left.\begin{array}{l}\end{array}\right\}$ **Motorreibungsverlust**

Motor-Nutzleistung auf dem Motor-
  prüfstande [prüfstande
Luftwiderstand
Motor-Nutzleistung auf dem Wagen-
Getriebeverlust
Radfelgenleistung

$\left.\begin{array}{l}\end{array}\right\}$ **Hinterrad-Rollverlust**

Trommelleistung

$\left.\begin{array}{l}\end{array}\right\}$ **Vorderrad-Rollverlust**

Wagen-Nutzleistung

km stündl. Fahrgeschwindigkeit
Motordrehzahl (minutlich)

Zwischen diesen Kurven zeigt das Fahrdiagramm abhängig von der Fahrgeschwindigkeit:

den M o t o r r e i b u n g s v e r l u s t (Ordinaten zwischen den Kurven der Nenn- und Nutzleistung),

den G e t r i e b e v e r l u s t (Ordinaten zwischen Motor-Nutzleistung und Radfelgenleistung),

den R o l l v e r l u s t d e r H i n t e r r ä d e r (Ordinaten zwischen Radfelgen- und Trommelleistung) und

den V o r d e r r a d v e r l u s t (Ordinaten zwischen den Kurven der Trommel- und Wagen-Nutzleistung).

Die W i d e r s t a n d s l e i s t u n g d e s W i n d d r u c k s L_l

ist für die Winddruckfläche der Rennkarrosserie des B e n z - Rennwagens ermittelt (1 qm Projektionsfläche).

Nach Abzug dieses Windverlustes (untere eng schraffierte Fläche) von der Wagen-Nutzleistung ergibt sich die verfügbare Ü b e r s c h u ß l e i s t u n g d e s W a g e n s, und zwar bei Fahrt in der Ebene und ohne zusätzlichen Windeinfluß (Mit- oder Gegenwind).

Dem Schnittpunkte der beiden Kurven L_n und L_l entspricht die h ö c h s t e e r r e i c h b a r e F a h r g e s c h w i n d i g k e i t des Rennwagens von stündlich . . . . 134 km.

Die k l e i n s t e erreichbare Fahrgeschwindigkeit (ohne Entkuppeln des Motors und ohne Bremsen) ist für den direkten Schaltgang durch die erreichbare niedrigste Motordrehzahl $n = 800$ minutlich bestimmt; sie beträgt somit: . . . . 50 km/St.

Bei der erreichbaren H ö c h s t g e s c h w i n d i g k e i t von 134 km/St. des B e n z - Rennwagens beträgt die M o t o r - N u t z l e i s t u n g : 103 PS.

Die T e i l v e r l u s t e ergeben sich zahlenmäßig:

M o t o r r e i b u n g s v e r l u s t : . . . . 18 PS,

G e t r i e b e v e r l u s t : . . . . 17 „

R o l l v e r l u s t im ganzen: . . . . 27 „

Hinterachse: . . . . 23 PS,

Vorderachse: . . . . 4,4 „

Vorderradreibung und Ventilation: . . . . . . 4 PS

Widerstandsleistung des W i n d d r u c k s : 52 „

Das **Energiediagramm** des B e n z - R e n n w a g e n s (Bild 41) ist nicht auf die ursprüngliche Brennstoffenergie, sondern nur auf die M o t o r - N u t z l e i s t u n g bezogen.

Bild 41.

Energiediagramm des 100 PS-Benz-Rennwagens
für 134 km/St. Fahrgeschwindigkeit,
bezogen auf die
Motor-Nutzleistung (100%)
(Motordrehzahl 2120 minutlich).

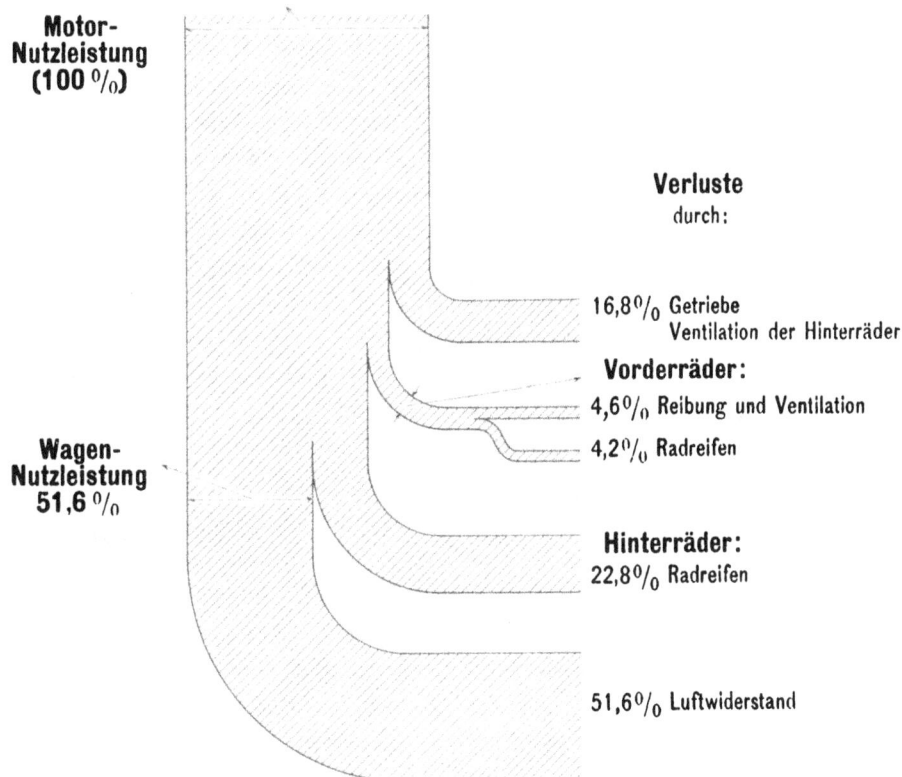

Motor-
Nutzleistung
(100 %)

Verluste
durch:

16,8% Getriebe
Ventilation der Hinterräder

Vorderräder:

4,6% Reibung und Ventilation

4,2% Radreifen

Wagen-
Nutzleistung
51,6 %

Hinterräder:

22,8% Radreifen

51,6% Luftwiderstand

Als charakteristische Fahrgeschwindigkeit ist im Energiediagramm die H ö c h s t g e s c h w i n d i g k e i t des B e n z - W a g e n s, 134 km/St., zugrunde gelegt.

Dies ist durch die Eigenart der Rennwagen begründet. Ihr Sonderzweck ist möglichst hohe spezifische Leistung und große Fahrgeschwindig-

keit ohne Rücksicht auf die Wirtschaftlichkeit des Wagens. Alles außerhalb dieses Ziels Liegende ist von untergeordneter Bedeutung.

Nach dem Energiediagramm betragen:

die G e t r i e b e v e r l u s t e , R e i b u n g s -
und W i n d v e r l u s t e aller R ä d e r
des Wagens bei 134 km/St.: . . . . . 21,4 % der Motor-Nutzleistung,

die R a d r e i f e n v e r l u s t e insgesamt: 27,0 % „

die W a g e n - N u t z l e i s t u n g, für Luftwiderstand verfügbar: . . . . 51,6 % „

der E i g e n v e r b r a u c h des Wagens: . 48,4 % „

Die R a d r e i f e n v e r l u s t e betragen im einzelnen:

an den Hinterrädern . . 22,8 %,

„ „ Vorderrädern . . 4,2 %.

Die R a d r e i f e n v e r l u s t e sind daher an den H i n t e r r ä d e r n
infolge der Leistungsübertragung mehr als 5 m a l s o g r o ß als an den
Vorderrädern.

Der E n e r g i e v e r l u s t zwischen M o t o r k u p p l u n g und
F a h r b a h n
bei verschiedenen Fahrgeschwindigkeiten und IV. (direktem) Schaltgang
ist in Bild 42 graphisch dargestellt.

Der E n e r g i e v e r l u s t ändert sich
im Bereiche der Fahrgeschwindig-
keiten von 50—134 km/St. zwischen: 28,5 und 40% der Motor-Nutzleistung,

der Wirkungsgrad daher zwischen 71,5 „ 60 „ „

Der b e s t e W i r k u n g s g r a d
wird bei einer Fahrgeschwindigkeit
von 75 km/St. erreicht mit . . . . . 71,5 %.

Die s p e z i f i s c h e M o t o r - N u t z l e i s t u n g
(Bild 43) für das Liter Hubvolumen des Motorzylinders
schwankt im Bereiche von minutlich 800—2400 Umdrehungen des Motors zwischen . . . . 6,2 und 14,2 PS.

Die h ö c h s t e s p e z i f i s c h e M o t o r - N u t z -
l e i s t u n g wird bei minutlich 2050 Umdrehungen des
Motors erreicht mit: . . . . 14,2 PS.

Bild 42.

Energieübertragung von der Motorkupplung zur Fahrbahn

beim 100 PS-Benz-Rennwagen
für den direkten Schaltgang.

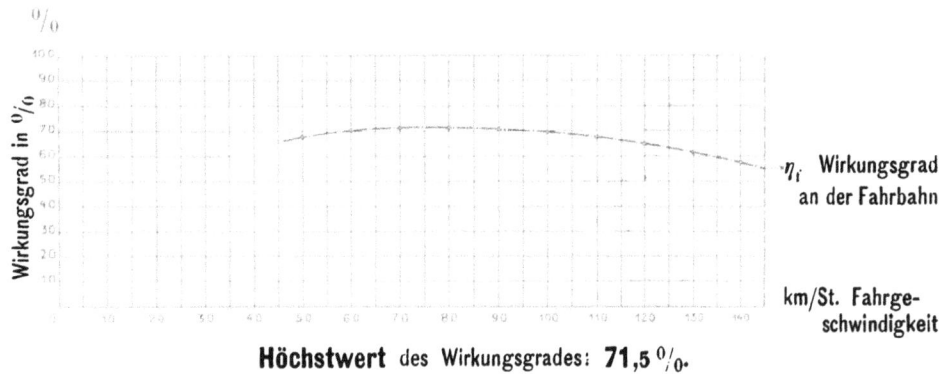

Höchstwert des Wirkungsgrades: **71,5 %.**

Bild 43.

Spezifische Motor-Nutzleistungen
des
100 PS-Benz-Rennwagens und des 30 PS-Renault-Wagens,
bezogen auf das Liter Zylinder-Hubvolumen.

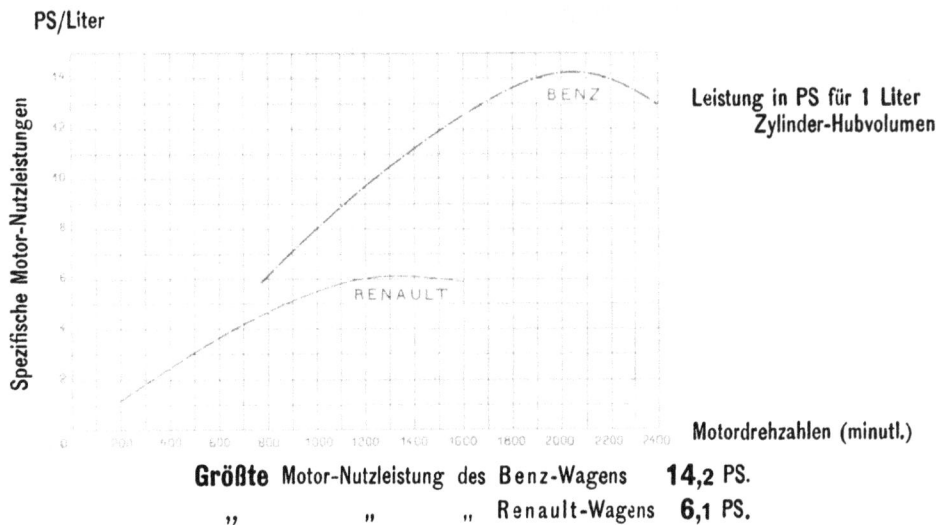

Größte Motor-Nutzleistung des Benz-Wagens **14,2** PS.

     ,,   ,,   ,, Renault-Wagens **6,1** PS.

Bild 44.

Spezifische Überschußleistungen

des

100 PS-Benz-Rennwagens und des 30 PS-Renault-Wagens,

bezogen auf die Tonne betriebsfertiges Wagengewicht.

PS/Tonne

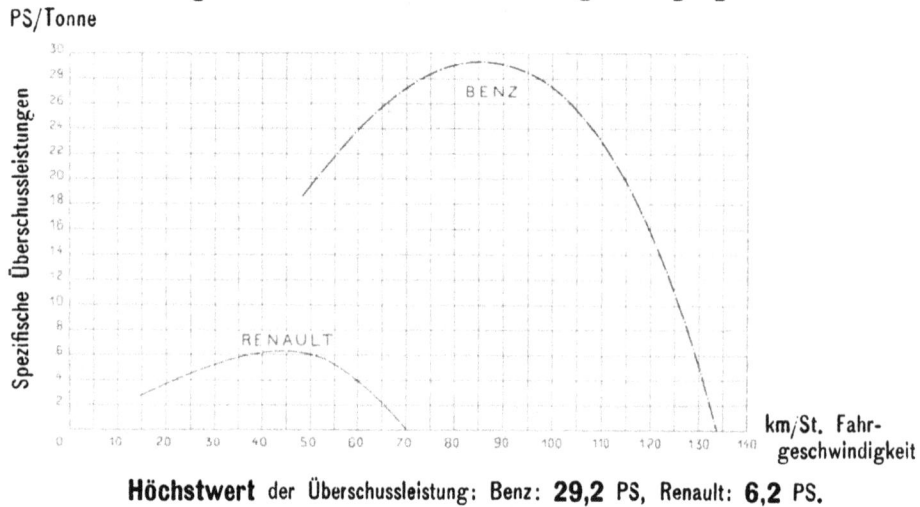

Höchstwert der Überschussleistung: Benz: **29,2 PS,** Renault: **6,2 PS.**

Bild 45.

Beschleunigungsvermögen

des

100 PS-Benz-Rennwagens und des 30 PS-Renault-Wagens

für den direkten Schaltgang.

m/sec²

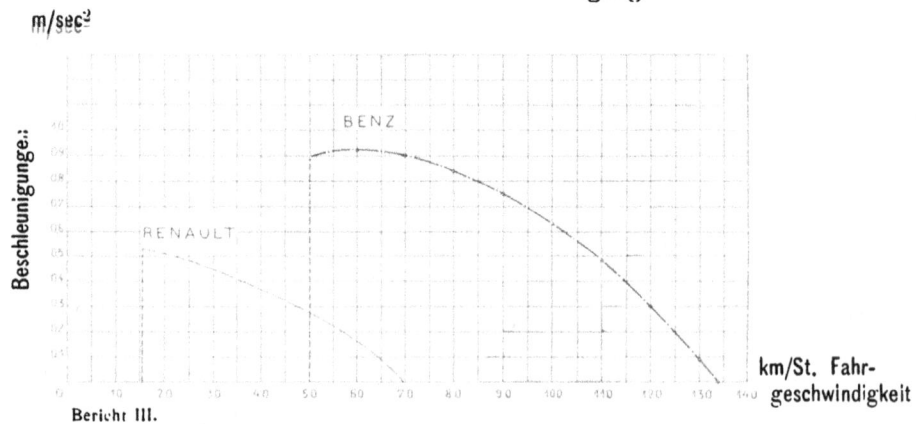

Höchst-Beschleunigung : Benz: **0,92,** Renault: **0,52.**

Die größte spezifische Überschußleistung des Benz-Wagens für 1 Tonne betriebsfertiges Eigengewicht des Rennwagens (Bild 44) wird bei 85 km stündlicher Fahrgeschwindigkeit erreicht mit: . . . . . . 29,2 PS.

Das größte Beschleunigungsvermögen des Benz-Wagens (Bild 45) wird bei 60 km stündlicher Fahrgeschwindigkeit erreicht mit . . . . 0,93 m/sec².

Aus den Werten für die Beschleunigung können die bei den einzelnen Fahrgeschwindigkeiten befahrbaren Steigungen ermittelt werden durch Multiplikation des Ordinatenmaßstabs mit $\frac{1}{0,0981}$.

Die befahrbare Höchststeigung für den IV. (direkten) Schaltgang beträgt demnach

bei 60 km stündlicher Fahrgeschwindigkeit: . . . . 9,5 %
der Weglänge.

Alle Untersuchungen und Ergebnisse gelten für die Belastung des Wagens mit 3 Personen (200 kg) bei einem betriebsfertigen Eigengewicht des Wagens von 1340 kg, also entsprechend einem Gesamtgewichte von 1540 kg.

Probefahrten

mit dem im Laboratorium untersuchten Rennwagen, zum Zwecke des Vergleichs der durch die Versuche ermittelten Höchstgeschwindigkeiten mit den in praktischer Fahrt wirklich erreichten, waren entbehrlich, da der untersuchte Wagen und andere gleicher Bauart an der Prinz Heinrich-Fahrt 1910 teilgenommen haben, somit die Ergebnisse des Rennens anstelle besonderer Prüffahrten dienen können.

Auf dem Prüfstande wurde gemessen (ohne Zusatz-Windwirkung und frei von subjektiven Einflüssen und Zufälligkeiten) eine erreichbare Höchstgeschwindigkeit des Benz-Rennwagens von . . . . 134 km/St.

Bei der Prinz Heinrich-Fahrt 1910 wurden mit den Benz-Wagen, abhängig von zahlreichen subjektiven und zufälligen Einflüssen, folgende Geschwindigkeiten erreicht:

auf der Rennstrecke bei Genthin:

Wagen Start Nr. 1 116,471 km/St.   Wagen Start Nr. 4 131,474 km/St.
,,   ,,   ,, 2 113,014   ,,   ,,   ,,   ,, 5 132,176   ,,
,,   ,,   ,, 3 132,353   ,,   ,,   ,,   ,, 7 133,603   ,,

Diese Rennergebnisse lassen deutlich erkennen, wie bei solchen Rennen die erreichbare Höchstleistung des Wagens wegen der subjektiven Nebeneinflüsse und wegen der bei Rennen mitgewerteten Zufälle selten zur Geltung kommt.

Auf der etwas ungünstigeren Rennstrecke bei Colmar kommt dies noch auffälliger zum Ausdruck, und außerdem zeigen alle Wagen auf der Rennstrecke bei Colmar, als Nachwirkung eines schweren Rennunfalles, sehr großen Leistungsabfall ohne weitere sachliche Veranlassung.

Einzelheiten zu den Versuchsreihen.

1. Getriebeverluste (Bild 46).

Die Getriebeverluste (Summe der Einzelverluste durch Wechselgetriebe, Gelenkwelle, Differenzial, Hinterradantrieb, einschließlich Windverlust der Hinterräder) sind für verschiedene Fahrgeschwindigkeiten in Bild 46 für den IV. (direkten) Schaltgang dargestellt.

Der Gesamtgetriebeverlust

bei Volleistung des Motors ist allen übrigen Rechnungen zugrunde gelegt. Dieser Gesamtverlust setzt sich zusammen aus V_g (Bild 46) und der Differenz der beiden Motor-Nutzleistungen, Kurven L_{e1} und L_{e2} des Fahrdiagramms (Bild 40).

2. Vorderradverluste (Bild 47).

Bild 47 zeigt die Teilverluste: Rollverluste und Lagerreibungsverluste der Vorderräder, einschließlich Ventilationsverlust. Diese Verluste sind in Funktion der Fahrgeschwindigkeit dargestellt.

Bild 46.

Getriebeverluste

des

100 PS-Rennwagens

für den direkten Schaltgang.

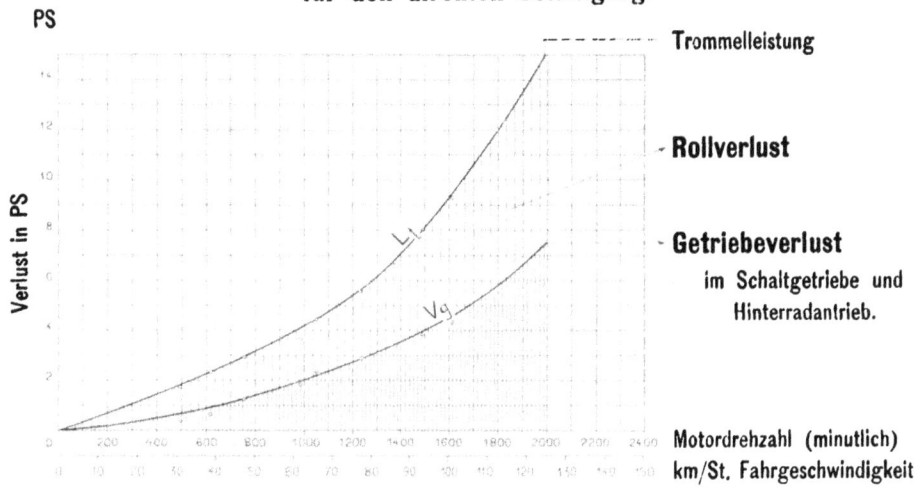

PS

Verlust in PS

Trommelleistung

Rollverlust

Getriebeverlust

im Schaltgetriebe und
Hinterradantrieb.

Motordrehzahl (minutlich)
km/St. Fahrgeschwindigkeit

Bild 47.

Vorderradverluste

des

100 PS-Benz-Rennwagens.

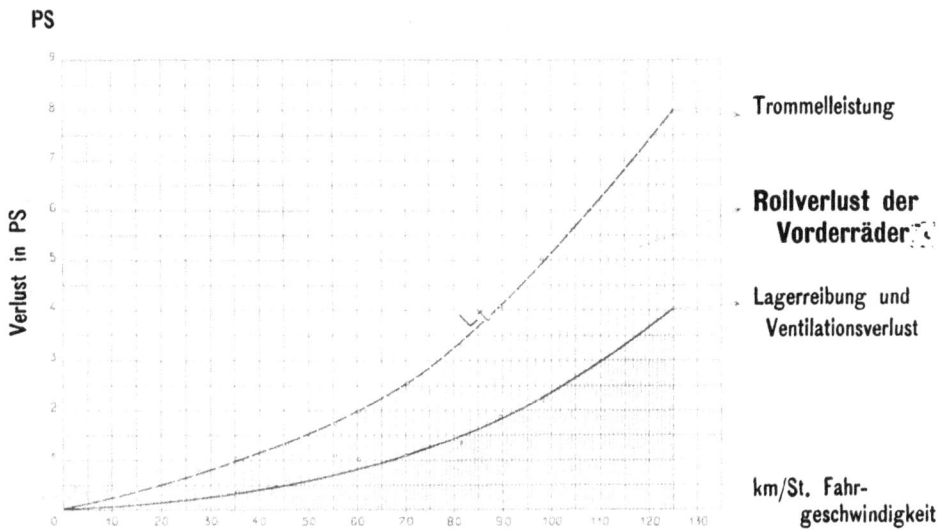

PS

Verlust in PS

Trommelleistung

**Rollverlust der
Vorderräder**

Lagerreibung und
Ventilationsverlust

km/St. Fahr-
geschwindigkeit

7

Bild 48.

Motorreibungsverluste des 100 PS-Benz-Rennwagens
(ohne Kompression).

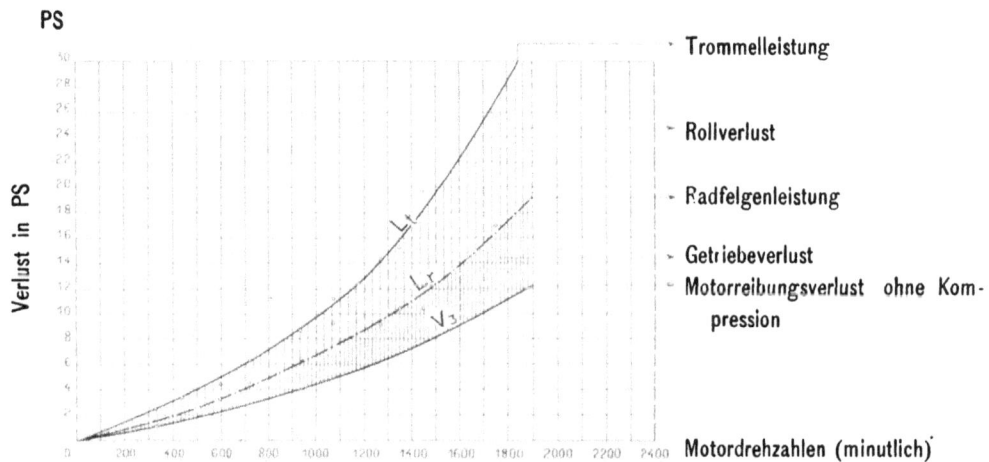

PS

Verlust in PS

- Trommelleistung

- Rollverlust

- Radfelgenleistung

- Getriebeverlust
- Motorreibungsverlust ohne Kompression

Motordrehzahlen (minutlich)

Bild 49.

Motorreibungsverlust des 100 PS-Benz-Rennwagens
(mit Kompression).

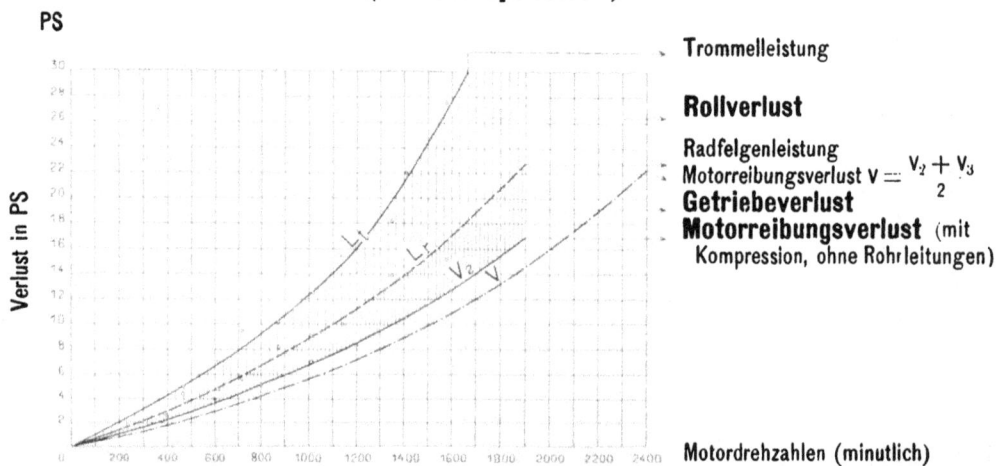

PS

Verlust in PS

- Trommelleistung

Rollverlust

Radfelgenleistung
Motorreibungsverlust $v = \dfrac{v_2 + v_3}{2}$
Getriebeverlust
Motorreibungsverlust (mit Kompression, ohne Rohrleitungen)

Motordrehzahlen (minutlich)

3. Motorreibungsverluste.

a) Motorreibungsverlust V_3 o h n e Kompression und ohne Rohrleitungen bei verschiedenen Motordrehzahlen ist dargestellt in Bild 48,

b) Motorreibungsverlust V_2 m i t Kompression, ohne Rohrleitungen, bei verschiedenen Motordrehzahlen in Bild 49.

In diesem Bilde ist der wirkliche Motorreibungsverlust V als arithmetisches Mittel aus V_3 und V_2 eingetragen. Die Kurve des Motorreibungsverlustes stellt also mit genügender Annäherung dar:

die Reibungsarbeit im Motortriebwerk und in der Steuerung, sowie den Energieaufwand für den Antrieb der beiden Magnetapparate, der Kühlwasserpumpe, der Ölpumpe und des Ventilators.

Bild 50.

Spezifische Motorreibungsverluste

des

100 PS-Benz-Rennwagens

und des

30 PS-Renault-Wagens,

bezogen auf 1 Liter Zylinder-Hubvolumen.

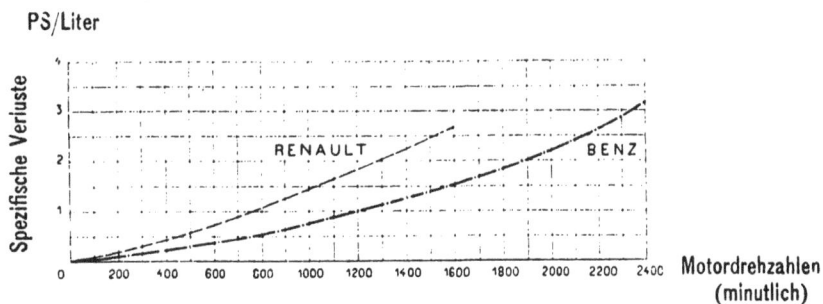

Der s p e z i f i s c h e M o t o r r e i b u n g s v e r l u s t ist in Bild 50 als Funktion der Motordrehzahl dargestellt.

Der nachgewiesene geringe Motorreibungsverlust bedeutet eine große maschinentechnische Leistung. Die Bedingungen, unter denen Steigerung der Geschwindigkeit, Verminderung der Eigenwiderstände und gleichzeitig möglichste Verminderung des Wagengewichts erzielt werden können, sind zum Teil einander widersprechende. Zu den wesentlichsten und dabei widerspruchsfreien Mitteln zur Erreichung des Zieles gehören: höchstwertige Materialien und höchstwertige Ausführung. Diese Mittel sind auch für den Gebrauchswagen ausnutzbar und für hohe mechanische Güte des Motors erforderlich, weshalb schon aus diesem Grunde der unmittelbare Vergleich mit Gebrauchswagen gerechtfertigt ist. Der spezifische Motorreibungsverlust ermöglicht auch anschauliche Übersicht über das Anwachsen der Verluste mit zunehmender Betriebsgeschwindigkeit.

Bild 51.

Betriebswirkungsgrad

des

100 PS - Benz - Rennmotors

und des

30 PS - Renault - Motors.

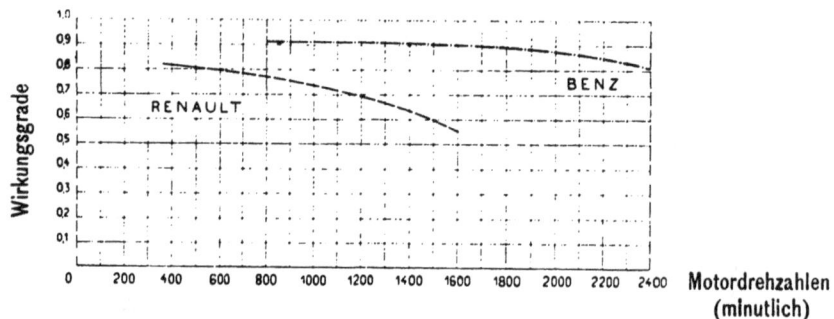

Ein absoluter Wertmaßstab ist aus der spezifischen Motorreibung ohne Zusammenhang mit der Motorleistung zur Beurteilung der mechanischen Güte des Motors nicht zu entnehmen. Unmittelbar kann aber der spezifische Motorreibungsverlust in Verbindung mit der spez. Motor-Nutzleistung als Wertzahl dienen, um die Ausnutzung des Hubvolumens der Motoren bei verschiedener Bauart zu beurteilen.

Der Betriebswirkungsgrad,

das Verhältnis zwischen Nutzleistung und ursprünglicher innerer Arbeit im Motorzylinder, ist in Bild 51 für verschiedene Motordrehzahlen dargestellt. Er ist eine Wertzahl für die Beurteilung der mechanischen Güte des Motors.

Im Bereiche von minutlich 800—2400 Umdrehungen des B e n z - Motors schwankt

der Betriebswirkungsgrad zwischen . . . .   91 und 81 $^0/_0$,
der spezifische Motorreibungsverlust zwischen   0,6 „ 3,2 PS/l.

In Bild 52 sind den spezifischen Motorleistungen hinzugefügt die Werte für den mittleren Arbeitsdruck auf den Motorkolben p_i und p_e, bezogen auf Nenn- und Nutzleistung.

Im Bereiche von minutlich 800—2400 Umdrehungen des B e n z - Motors schwankt der mittlere spezifische Arbeitsdruck

p_i, bezogen auf die Motor-Nennleistung, zwischen 8 und 6 kg/qcm,
p_e, „ „ „ Motor-Nutzleistung, „ 7,2 „ 4,8 „

Zum Vergleiche des B e n z - Rennwagens mit einem Gebrauchswagen ist der 30 PS-Renault-Wagen des Laboratoriums benutzt, über dessen Untersuchung Bericht II das Nähere enthält.

Der Vergleich ergibt:

Die s p e z i f i s c h e n M o t o r r e i b u n g s v e r l u s t e betragen

bei minutlich 1200 Umdrehungen der Motoren:

beim R e n a u l t - Motor (Bericht II Bild 29): **1,8 PS/l**,
beim B e n z - Motor („ III „ 50): **1,0** „

Der größte B e t r i e b s w i r k u n g s g r a d ist

beim B e n z - Rennmotor (Bericht III Bild 51):

91 $^0/_0$ bei minutlich 1000 Umdrehungen des Motors,

beim R e n a u l t - Motor (Bericht II Bild 30):

82 $^0/_0$ bei minutlich 400 Umdrehungen des Motors.

Somit bietet der Benz-Rennmotor 9 $^0/_0$ Verbesserung der mechanischen Güte gegenüber dem Motor des R e n a u l t - Wagens.

Bild 52.

Spezifische Leistung des 100 PS-Benz-Rennmotors

im Vergleich zum 30 PS-Renault-Motor.

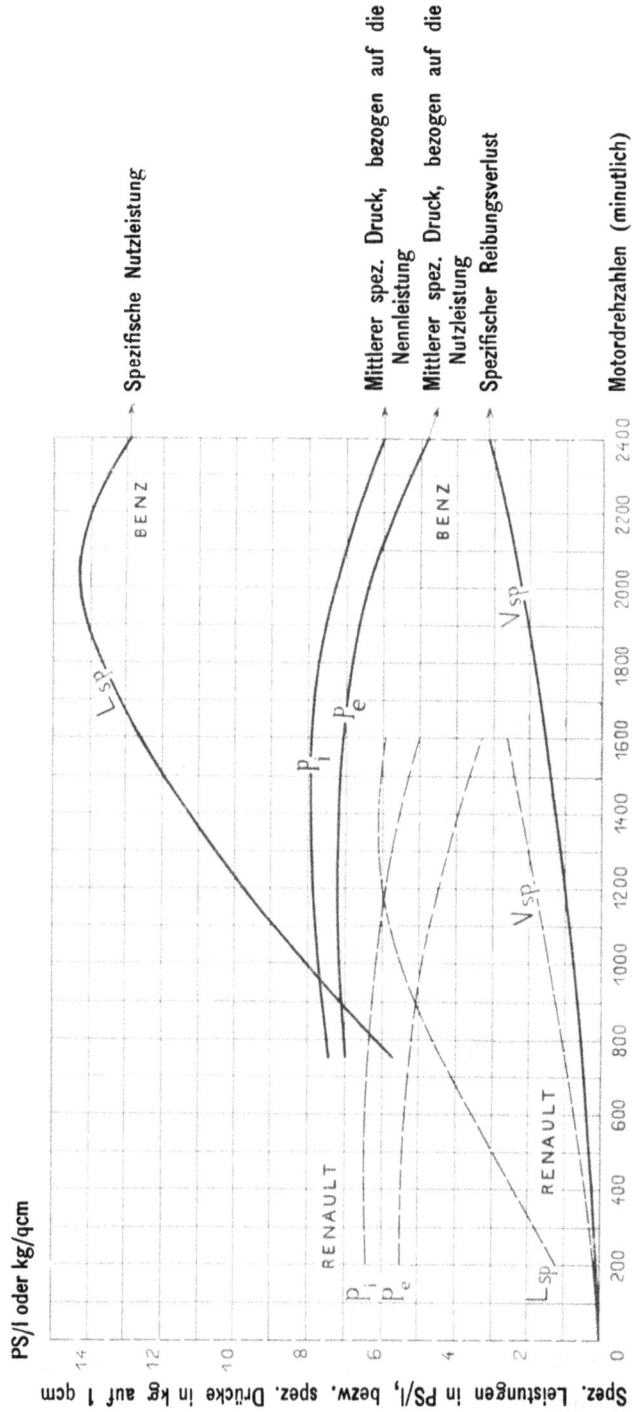

Da der Maßstab des Diagrammes für 1 PS und 1 kg/qcm gleich ist, so fallen bei n = 900 die spezifischen Motorleistungen mit den Werten p_e zusammen; dort schneiden sich somit die Kurven L_{sp} und p_e.

Spezifische Nutzleistung

Mittlerer spez. Druck, bezogen auf die Nennleistung

Mittlerer spez. Druck, bezogen auf die Nutzleistung

Spezifischer Reibungsverlust

Motordrehzahlen (minutlich)

PS/l oder kg/qcm

Spez. Leistungen in PS/l, bezw. spez. Drücke in kg auf 1 qcm

BENZ

RENAULT

Aus dem Vergleiche der spezifischen Motorleistungen und mittleren Arbeitsdrücke

bei R e n a u l t (Bericht II Bild 15 u. III Bild 52) und

bei B e n z („ III „ 43 u. 52)

geht hervor:

Die höchste Leistungsfähigkeit (spezifische Nutzleistung) beträgt

bei R e n a u l t: 6,1 PS/l bei min. 1450 Umdrehungen des Motors,

bei B e n z: 14,2 „ „ „ 2050 „ „ „

Somit ergibt sich beim B e n z - Rennmotor eine um m e h r a l s 100 % bessere Ausnutzung des Hubvolumens gegenüber dem R e n a u l t - Motor.

Die Höchstwerte des mittleren spezifischen Arbeitsdruckes, auf die Nutzleistung bezogen, betragen

bei R e n a u l t: 5,4 kg/qcm bei min. 400 Umdrehungen des Motors,

bei B e n z: 7,2 „ „ „ 1200 „ „ „

Somit ergibt sich beim B e n z - Motor e i n e E r h ö h u n g u m 33 % gegenüber dem R e n a u l t - Motor.

Die Werte für den B e n z - Motor zeigen die charakteristischen Merkmale vervollkommneter Schnelläufer mit hoher spezifischer Motorleistung.

Für die gleiche Motordrehzahl von $n = 1000$ in der Minute ergeben sich die spezifischen Motorleistungen und die mittleren spezifischen Arbeitsdrücke:

bei B e n z zu: 8,0 PS/l bezw. 7,2 kg/qcm,

bei R e n a u l t zu: 5,5 „ „ 4,9 „

Die spezifischen Motorreibungsverluste würden sich bei der gleichen Motordrehzahl ergeben:

bei B e n z zu: . . . 0,75 PS/l,

bei R e n a u l t zu: . . 1,45 „

Zu diesen Vergleichen des Rennmotors mit dem Gebrauchsmotor ist zu bemerken:

Der B e n z - Rennmotor ist charakteristischer Schnelläufer (2050 minutliche Höchstumdrehungszahl), der R e n a u l t - Motor erreicht schon bei minutlich 1250 Umdrehungen seine Höchstdrehzahl. Der B e n z - Rennmotor befindet sich bei minutlich 1000 Umdrehungen annähernd in seinem günstigsten Betriebszustande (Wirkungsgrad 91 %, höchster mittlerer spezifischer Arbeitsdruck, auf die Nutzleistung bezogen, 7,2 kg/qcm), während der R e n a u l t - Motor bei minutlich 1000 Umdrehungen, also noch bevor er seine Höchstgeschwindigkeit erreicht hat, sich annähernd in seinem ungünstigsten Betriebszustande befindet (Wirkungsgrad 72 %, mittlerer spezifischer Arbeitsdruck $p_e = 4,8$) (Bild 52).

Die L e i s t u n g s f ä h i g k e i t e n der Wagen sind ausgedrückt durch die

s p e z i f i s c h e Ü b e r s c h u ß l e i s t u n g

(Einzelheiten hierzu für den R e n a u l t - Wagen: Bericht II Bild 16,

„ „ „ „ B e n z - Rennwagen: Bericht III Bild 44)

und durch das

B e s c h l e u n i g u n g s v e r m ö g e n

(Versuchsergebnisse für den R e n a u l t - Wagen: Bericht II Bild 17,

„ „ „ B e n z - Rennwagen: Bericht III Bild 45).

Die größten s p e z i f i s c h e n Ü b e r s c h u ß l e i s t u n g e n für direkten Schaltgang sind:

bei B e n z: 29,2 PS für die Tonne betriebsfähiges Eigengewicht des Wagens bei 85 km stündlicher Fahrgeschwindigkeit,

bei R e n a u l t: 6,3 PS für die Tonne betriebsfähiges Eigengewicht des Wagens bei 45 km stündlicher Fahrgeschwindigkeit.

Die H ö c h s t w e r t e d e s B e s c h l e u n i g u n g s v e r m ö g e n s der beiden Wagen sind:

bei B e n z: 0,93 m/sec² bei 60 km stündlicher Fahrgeschwindigkeit,

bei R e n a u l t: 0,53 m/sec² bei 16 km stündlicher Fahrgeschwindigkeit.

Die s p e z i f i s c h e Ü b e r s c h u ß l e i s t u n g ist daher beim Benz-Rennwagen 4 m a l s o g r o ß als beim R e n a u l t - Wagen,

das B e s c h l e u n i g u n g s v e r m ö g e n 1,7 mal so groß.

Die vorstehenden Ergebnisse zeigen für den B e n z - R e n n w a g e n und seinen M o t o r außerordentliche E r h ö h u n g e n d e r s p e z i f i s c h e n H ö c h s t l e i s t u n g e n, die nur durch außerordentliche Maßnahmen erreicht werden können, beim Motor insbesondere:

durch Erhöhung des K o m p r e s s i o n s - E n d d r u c k s bis auf den durch die Selbstzündung des Gemisches begrenzten Höchstwert,

durch Erhöhung der U m l a u f g e s c h w i n d i g k e i t bei gleichzeitiger Vergrößerung des Verhältnisses zwischen Hub und Durchmesser der Zylinder und damit im Zusammenhang durch große Erhöhung der K o l b e n g e s c h w i n d i g k e i t (über 12 m/sec); außerdem

durch möglichste Verminderung der bewegten M a s s e n ,

durch h o c h w e r t i g e M a t e r i a l i e n u n d h o c h w e r t i g e Herstellung und durch richtige A u s b i l d u n g der Einzelheiten.

Diese Mittel sind sinngemäß auf Gebrauchsmaschinen und Gebrauchswagen anwendbar. Auf ihrer Grundlage sind viele Fortschrittsmöglichkeiten zu suchen.

Die Benz-Rennmaschine ergibt mittlere spezifische Arbeitsdrücke, wie sie selbst bei höchstwertigen stationären Verbrennungsmaschinen, z. B D i e s e l - Maschinen, nicht höher erreicht werden. Dabei ist auch der Betriebswirkungsgrad so hoch, wie er sonst nur bei stationären Maschinen großer Leistung erreicht wird.

Der B e n z - Wagen hat somit sehr hervorragende Werte bei seiner Untersuchung ergeben. Die B e n z - W e r k e sind auf Grund ihrer reichen Rennerfahrungen fast bis an die Grenze des Erreichbaren gegangen und haben insbesondere den E i g e n v e r l u s t auf das für die heutige Entwicklungsstufe des Motorbaus erreichbare Minimum gebracht. Dem Sonderzweck des Rennwagens ist im vollsten Umfange Rechnung getragen. Der Motor ist allerdings keine Maschine für anderen Dauergebrauch mehr, sondern schmiegt sich eng an die Bedingungen der von den Wagen bestrittenen P r i n z H e i n r i c h - F a h r t an und ist als hochentwickelte Spezialmaschine für k u r z e R e n n e n gebaut mit dem Ziele höchster Leistungsfähigkeit für kurze Zeit.

Aus den Versuchsergebnissen ist für den Sachkundigen auch sofort zu ersehen, welche konstruktiven Änderungen diesem Wagen einen noch höheren Rennerfolg gesichert hätten.

Bauart des untersuchten 100 PS Benz-Rennwagens.

M o t o r : 4 Zylinder: 115 mm Durchmesser, 175 mm Hub,
500—2400 Umdrehungen minutlich.
B a u a r t   d e s   W a g e n s : Bild 53—74.

Bild 53.

100 PS - Benz - Rennwagen
der Prinz Heinrich - Fahrt 1910.

W a g e n g e w i c h t im betriebsfertigen Zustande, mit viersitziger
Rennkarosserie, ohne Besetzung, samt Werkzeugen und 40 Liter Benzin
= 1340 kg. Vorderachsdruck 640 kg, Hinterachsdruck 700 kg.

Wagengewicht mit 3 Personen Belastung (entsprechend den Bestimmungen der Prinz Heinrich - Fahrt 1910) = 1540 kg. Vorderachsdruck
680 kg, Hinterachsdruck 860 kg.

Während aller Versuche wurden diese Achsdrücke beibehalten.

L u f t d r u c k in den Reifen (in kaltem Zustande): $4^3/_4$ Atm. Überdruck während aller Versuche.

Bild 54.

100 PS-Benz-Rennwagen.

Maßstab: 1:20

Seitenansicht.

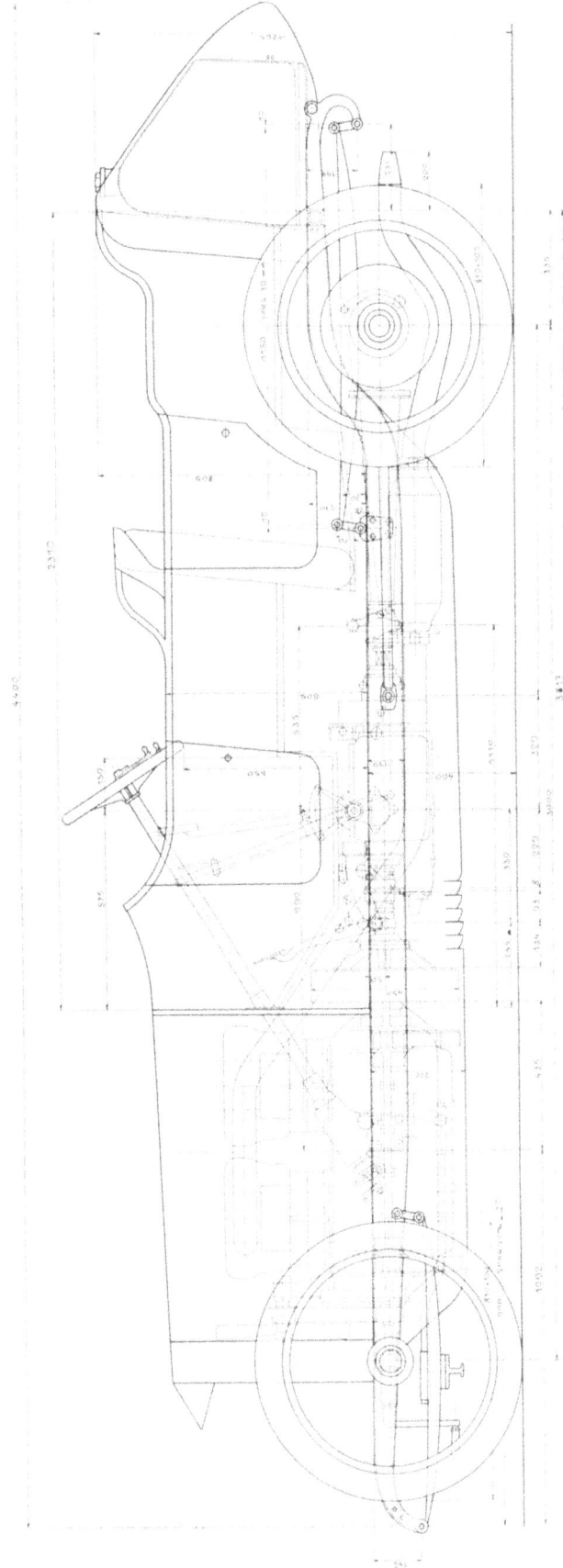

Spurweite: 1250 mm.
Karosserielänge: 2310 mm.
Radreifen: 810/100.

Radstand: 3000 mm.
Rahmenlänge: 3817 mm.
Gesamtlänge: 4400 mm.

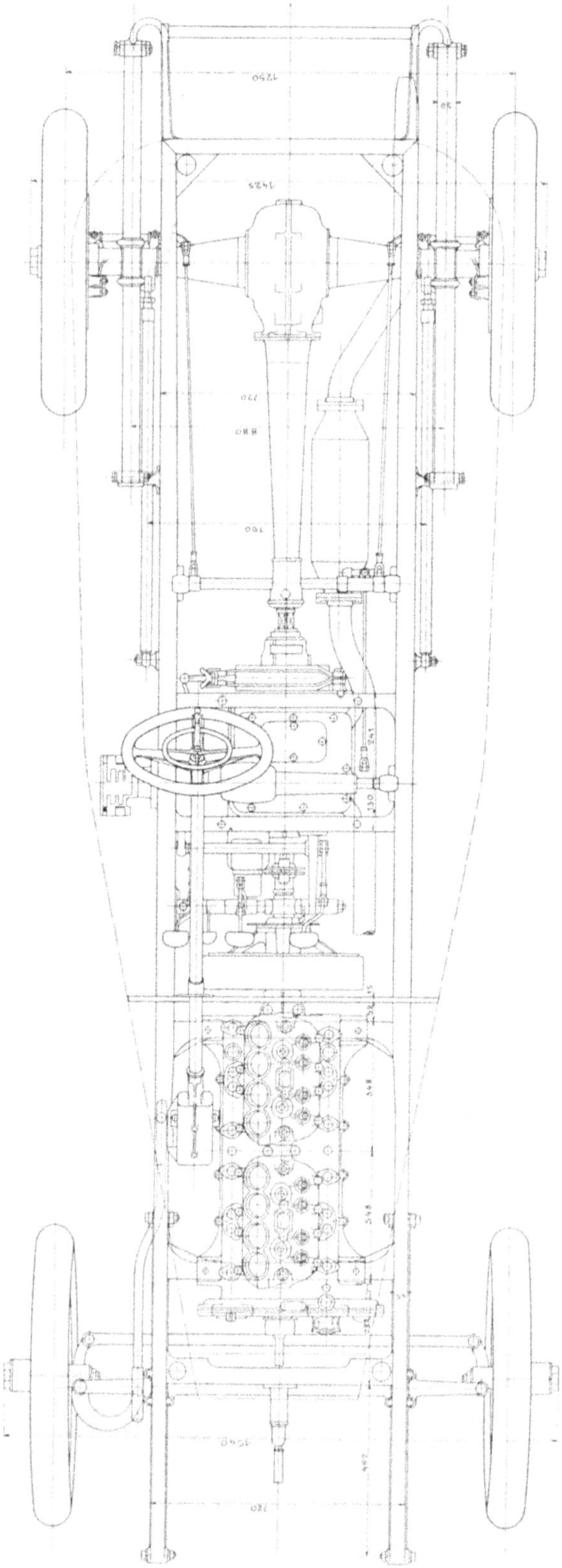

Bild 55.

100 PS-Benz-Rennwagen

Maßstab 1:20.

Grundriß.

Betriebsfertiger
leerer Wagen:

Achsdruck (Vorderräder): 640 kg
" (Hinterräder): 700 "
Wagengewicht: 1340 "

Betriebsfertiger
besetzter Wagen
(3 Personen):

Wagengewicht: 1540 kg
Vorderachsdruck: 680 "
Hinterachsdruck: 860 "

Bild 56.

100 PS-Benz-Rennwagen.

Vorderansicht. Maßstab 1:20.

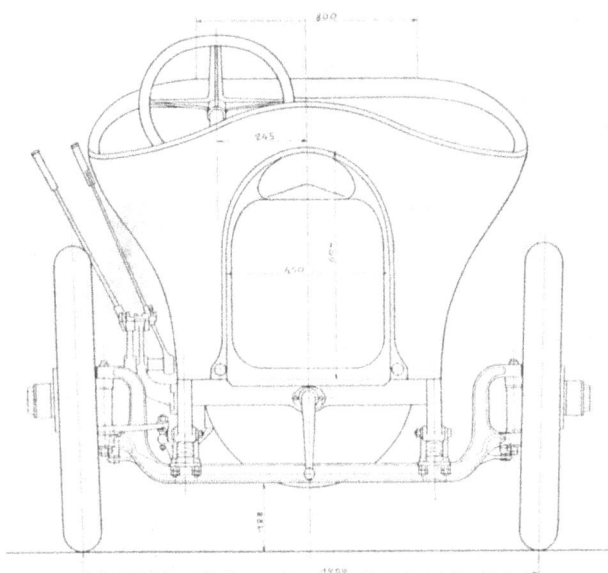

Bereifung: Vorderräder 810/100 glatt,
            Hinterräder 810/100 Gleitschutz.
Reifeneindrückung: 18 mm.
Luftdruck in den Reifen in kaltem Zustande: 4,75 kg/qcm.

Am untersuchten Wagen ergaben sich insbesondere durch die Ungenauigkeit der Radreifen folgende Abweichungen:

	Vorderrad		Hinterrad	
	rechts	links	rechts	links
Gemessener Raddurchmesser (mm) .	798	821	828	830
Raddruck (kg)	341,5	341,5	430	430
Gemessene Eindrückung auf der Prüf-standtrommel (mm)	13	13	21	17,5

Übersetzung zwischen Motor und Hinterachse: beim IV. (direkten)
Gang 1:2,48, Übersetzung nur im Hinterradantrieb (25/62 Zähne).

Kraftübertragung auf die Hinterachse durch Welle mit einem
Gelenk. Ausgleichräder im Differenzial: Kegelräder.

Bild 57.

Motor des 100 PS-Benz-Rennwagens (Vergaserseite).

4 Zylinder: 115 mm Durchmesser, 115 mm Hub; je zwei in einem Block.

Kompressionsraum im Mittel: 485 ccm,

Kompressionsgrad: . . . . . 4,7.

Hubvolumen jedes Zylinders: 1818 ccm.

Jeder Zylinder mit zwei Einlaß- und zwei Auslaßventilen schräg im Zylinderkopf hängend, ohne Ventilkammern.

Ventilquerschnitte: Einlaßventile: $2 \times 22,12$ qcm, innerer Sitzdurchmesser beider Ventile: 54 mm, Ventilhub 8 mm. Auslaßventile: $2 \times 10,56$ qcm, innerer Sitzdurchmesser beider Ventile 38 mm, Ventilhub 9 mm.

Bild 58.
Motor des 100 PS-Benz-Rennwagens (Auspuffseite).

Zündung: Zwei von einander unabhängige Lichtbogenzündungen, von Hand verstellbar. Entfernung der beiden Funkenstrecken im Zylinder 68 mm. Größte einstellbare Vorzündung 23,5 % vor Totpunkt. Stromerzeugung durch zwei Bosch-Magnetapparate.

Gemischbildung: in einem Spritzvergaser mit zwangläufiger Zusatzluftregulierung und verstellbarem ringförmigen Düsenquerschnitt. Die Versuche wurden teils mit diesem Vergaser, teils mit einem Vergaser mit konstanter zylindrischer Düsenöffnung durchgeführt:

         Hauptluftquerschnitt an der Düse: 4,9 qcm,

         zylindrische Düsenöffnung: 2,05 mm Durchmesser,

         größter Zusatzluftquerschnitt: 6,8 qcm.

Bild 59 u. 60: 100 PS-Benz-Rennwagen auf dem Prüfstande
im Laboratorium für Kraftfahrzeuge der Technischen Hochschule.

Bild 59: Stirnansicht.

| Kühlwassermessung. Kompressor für Reifen- kühlung. | Benzinmessung (Vorderachse auf Kugeln). | Zugkraftmessung. Selbsttätige Registrierung. |

Bild 60: Seitenansicht.

| Vorderachse auf Kugeln. | Geschwindigkeitsmesser. Auspuff. | Zugkraftmessung. Kompressor für Reifenkühlung. |

Bild 61. Benz-Rennmotor (Querschnitt). Maßst. 1 : 5.

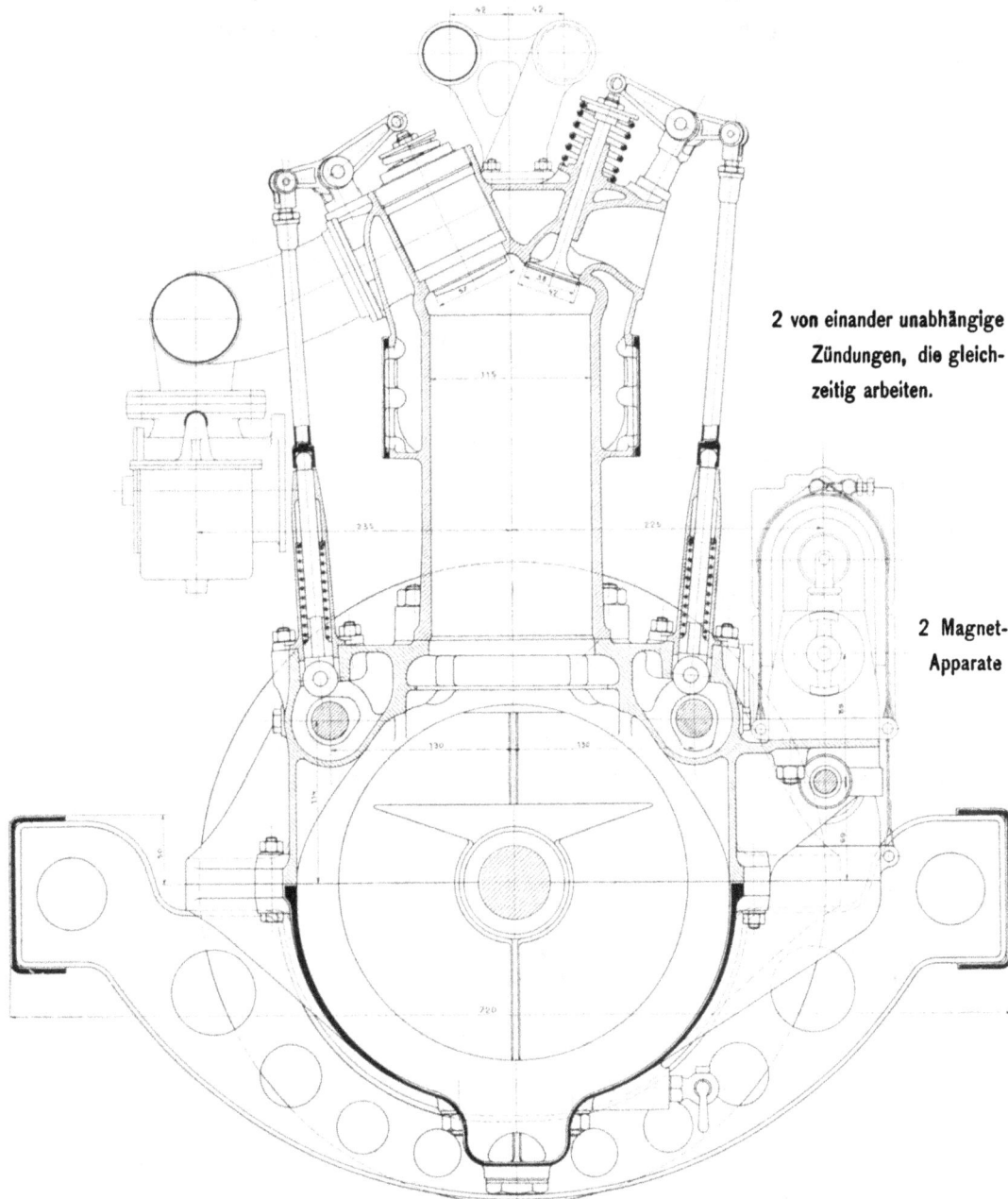

2 von einander unabhängige
Zündungen, die gleich-
zeitig arbeiten.

2 Magnet-
Apparate

Regulierung der Motorleistung durch Querschnittsänderung mittels zylindrischen Drehschiebers, sowie durch Zündverstellung.

Die Leistungsermittelungen beziehen sich auf Einstellung des für die jeweilige Umdrehungszahl günstigsten Zündzeitpunktes.

8

Bild 62.

Motor des 100 PS-Benz-Rennwagens
mit Kurbelgehäuse und Schwungrad (Vergaserseite).

Bild 63.

Motor des 100 PS-Benz-Rennwagens
mit Kurbelgehäuse und Schwungrad (Auspuff- und Magnetseite).

Bild 64 u. 65. Motor des 100 PS-**Benz-Rennwagens.**

Seitenansichten.

Bild 66. Kupplung des 100 PS-**Benz-Rennwagens.**

Maßstab 1 : 5.

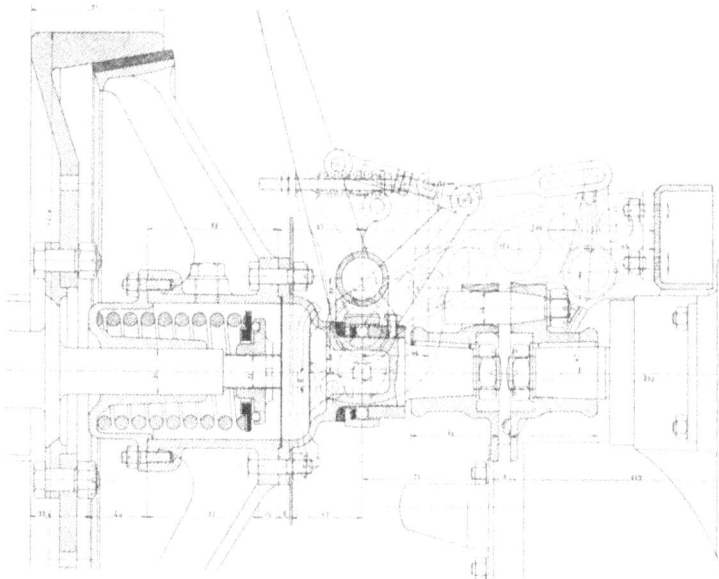

Bild 67.

Motor des 100 PS-Benz-Rennwagens.

Längsschnitt durch Zylinder und Kurbelgehäuse,
Kurbel und Schwungrad.

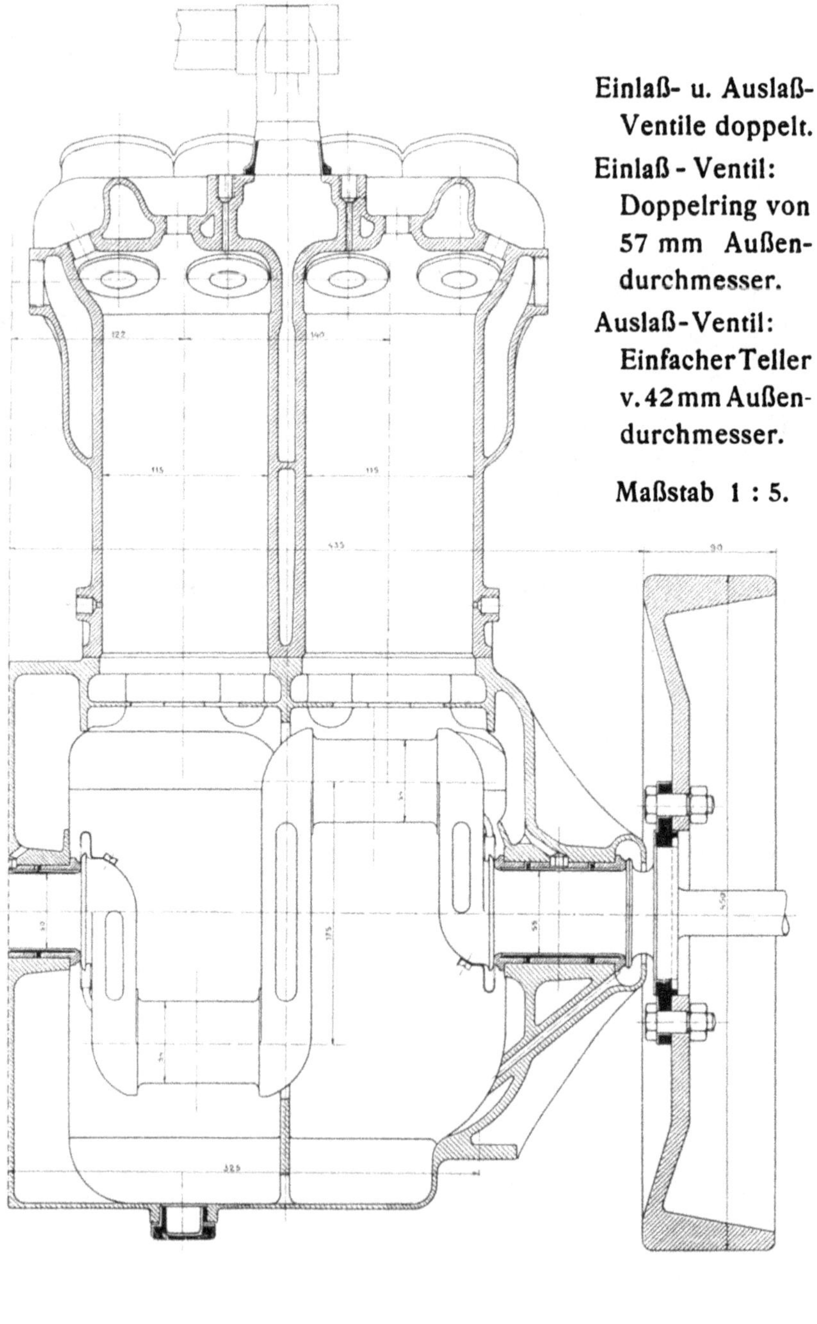

Einlaß- u. Auslaß-
Ventile doppelt.

Einlaß-Ventil:
Doppelring von
57 mm Außen-
durchmesser.

Auslaß-Ventil:
Einfacher Teller
v. 42 mm Außen-
durchmesser.

Maßstab 1 : 5.

Bild 68 u. 69.

Zylinderkopf, Ventile, Kolben und Triebstange
des 100 PS-Benz-Rennmotors.

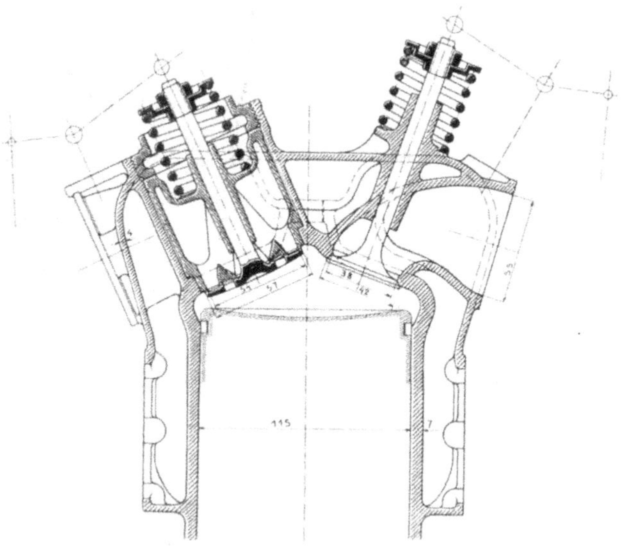

Bild 68.

Zylinderkopf und

Ventilsteuerung.

Maßstab 1 : 4.

Gewicht eines
Saugventils mit
Feder, Teller,
Mutter, Splint: 336 g.
Gewicht eines
Abgasventils: 305 g.

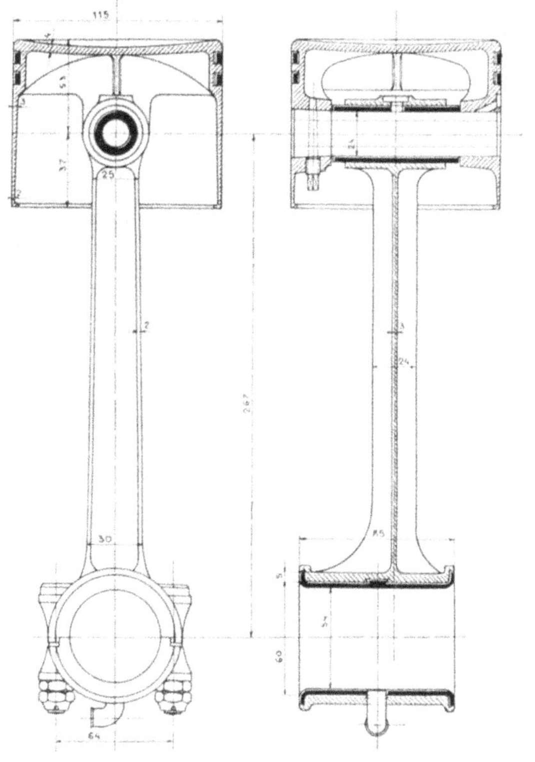

Bild 69.

Kolben mit Triebstange.

Maßstab 1 : 4.

Gewicht des Kolbens
mit Ringen, ohne
Kolbenzapfen: . . . 1,367 kg.
Gewicht der Trieb-
stange mit Deckel,
Lager, Bolzen,
Muttern: . . . . . . 2,806 kg.
Gewicht des Kolben-
zapfens mit Schraube 0,345 kg.

Bild 70, 71 u. 72.

Hinterradantrieb des 100 PS-Benz-Rennwagens.

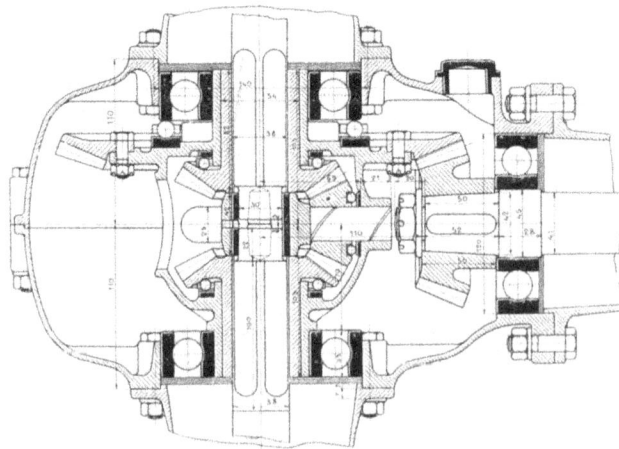

Bild 70.

Differenzialgetriebe.

Maßstab 1 : 5.

Bild 71.

Getriebebremse und
Cardanantrieb.

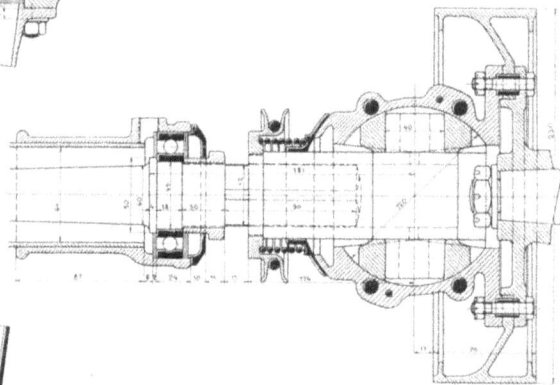

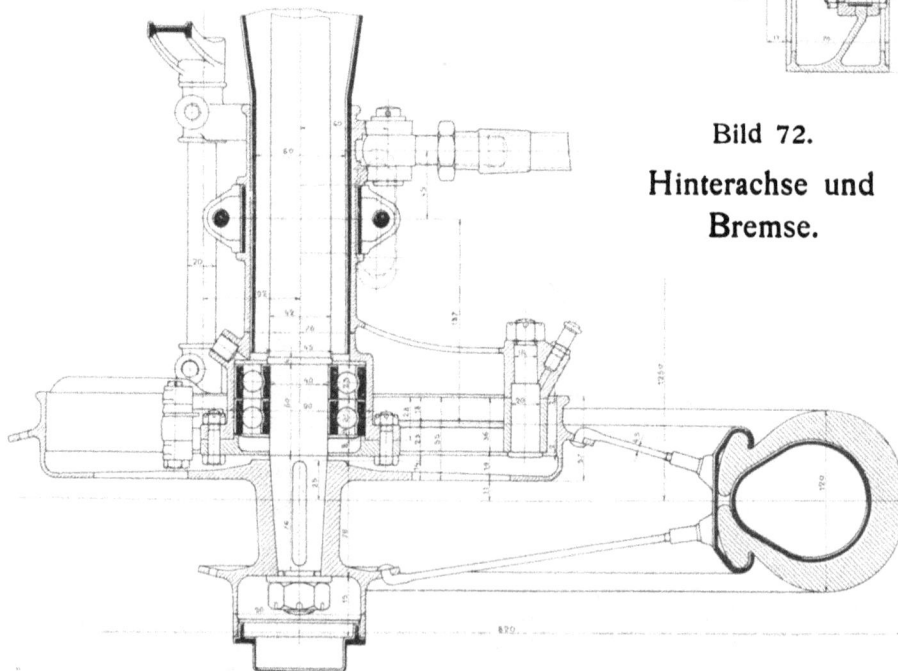

Bild 72.

Hinterachse und
Bremse.

Bild 73 u. 74.
Getriebekasten des 100 PS-Benz-Rennwagens.
Maßstab 1:5.

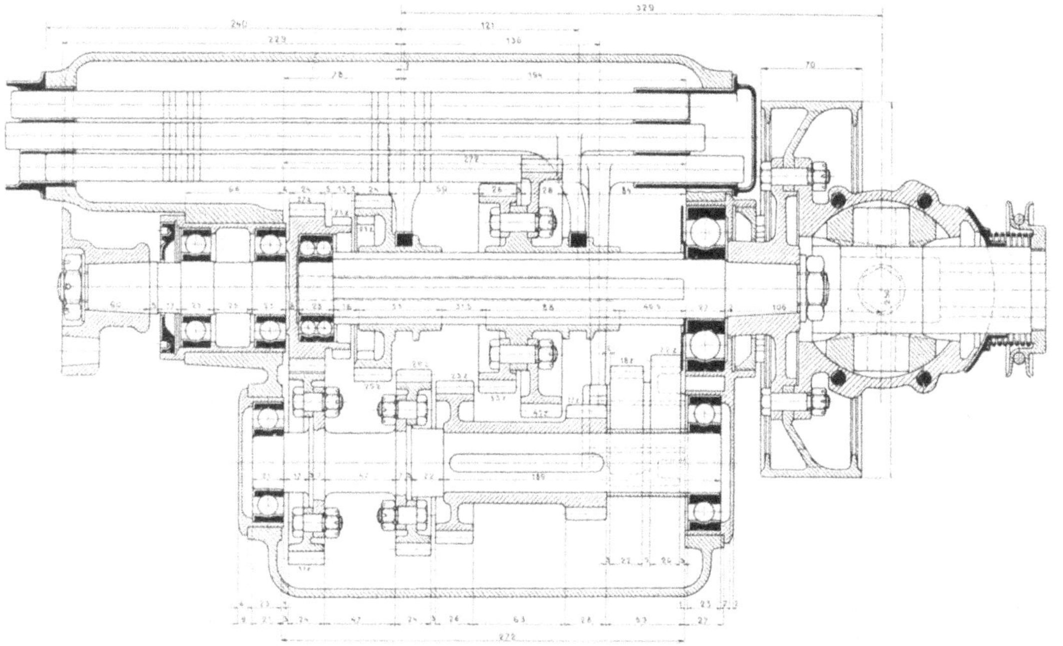

Bild 73. Längsschnitt des Getriebekastens und der Schaltung.

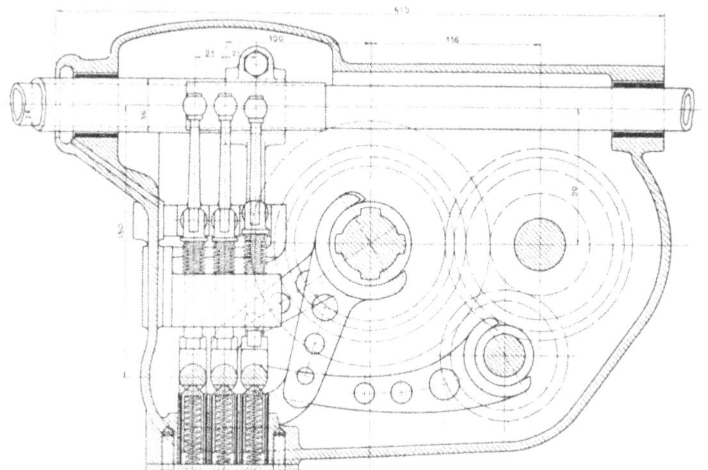

Bild 74. Querschnitt der Getriebeschaltung.

Laboratorium für Kraftfahrzeuge

an der

Königl. Technischen Hochschule

zu Berlin

Untersuchung eines

75 PS-Adler-Rennwagens

der

Adlerwerke vm. Heinrich Kleyer in Frankfurt a. M.

———+———

Mit 31 Abbildungen

Untersuchung eines 75 PS-Adler-Rennwagens
der Adlerwerke vorm. Heinrich Kleyer A.-G.

in Frankfurt a. Main

(Wagen der Prinz Heinrich-Fahrt 1910).

Bauart des Wagens: Seite 21.

Versuchsverfahren: Bericht I Seite 20—34.

Uebersicht über die Versuchsergebnisse,

sämtlich bezogen auf den III. (direkten) Schaltgang und auf die für das Rennen vorgeschriebene Belastung des Wagens durch 3 Personen.

Erreichbare Höchstgeschwindigkeit
des Adler-Rennwagens

Näheres hierzu
Seite:

bei Fahrt in der Ebene, ohne Mit- oder

Gegenwind: . . . . 114 km/St.   4

Größte Motor-Nennleistung

bei der Höchstgeschwindigkeit des Renn-

wagens von 114 km St.: . . . . . . 93 PS   3

Größte Motor-Nutzleistung

bei schwach gedämpftem Auspuff und 2100 Um-

drehungen minutlich: . . . . 76,0 PS   3

Größte spezifische Motor-Nutzleistung des Adler-Wagens, bezogen auf 1 Liter
Zylinder-Hubvolumen,

bei 2100 Umdrehungen minutlich: . . . . . 14,7 PS   7

Größte spezifische Überschuß-
Leistung des Adler-Wagens, bezogen auf

die Tonne betriebsfertiges Eigengewicht des Wagens,

Näheres hierzu
Seite:

bei 80 km stündlicher Fahrgeschwindigkeit: 25,8 PS 8

G r ö ß t e s B e s c h l e u n i g u n g s v e r m ö g e n
des A d l e r - Wagens

bei 40 km stündlicher Fahrgeschwindigkeit: 0,98 m/sec^2 8

B e t r i e b s - W i r k u n g s g r a d des Motors
im Bereiche von minutlich 800 — 2400
Umdrehungen: . . . . 88—78 % 13

W a g e n - N u t z l e i s t u n g,
für den Luftwiderstand verfügbar: . . . . . 48 % 5
der Motor-Nutzleistung

W i r k u n g s g r a d des A d l e r - R e n n w a g e n s
zwischen Motorkupplung und Fahrbahn
im Bereiche von 40—114 km stünd-
lichen Fahrgeschwindigkeiten: . . . . . 67—57 % 7

M i t t l e r e r s p e z i f i s c h e r A r b e i t s -
d r u c k bei Motordrehzahlen von minutlich 800—2400

p_i, bezogen auf die M o t o r - N e n n l e i -
s t u n g : . . . . . . zwischen 8,2 und 6,8 kg/qcm, 14

p_e, bezogen auf die M o t o r - N u t z l e i -
s t u n g : . . . . . . zwischen 7,2 und 5,2 kg/qcm. 14

Einzelheiten der Versuchsergebnisse.

Das F a h r d i a g r a m m des A d l e r - R e n n w a g e n s (Bild 75) zeigt
für den III. (direkten) Schaltgang:

die M o t o r - N e n n l e i s t u n g L_i, aus der gemessenen Nutzleistung und dem gemessenen Eigenwiderstande ermittelt,

die M o t o r - N u t z l e i s t u n g e n :

L_{e_1}, auf dem Motor-Prüfstande gemessen,

L_{e_2}, auf dem Wagen-Prüfstande gemessen,

Bild 75.

Fahrdiagramm des 75 PS-Adler-Rennwagens.

Motor- und Wagen-Nutzleistung für den direkten Schaltgang.

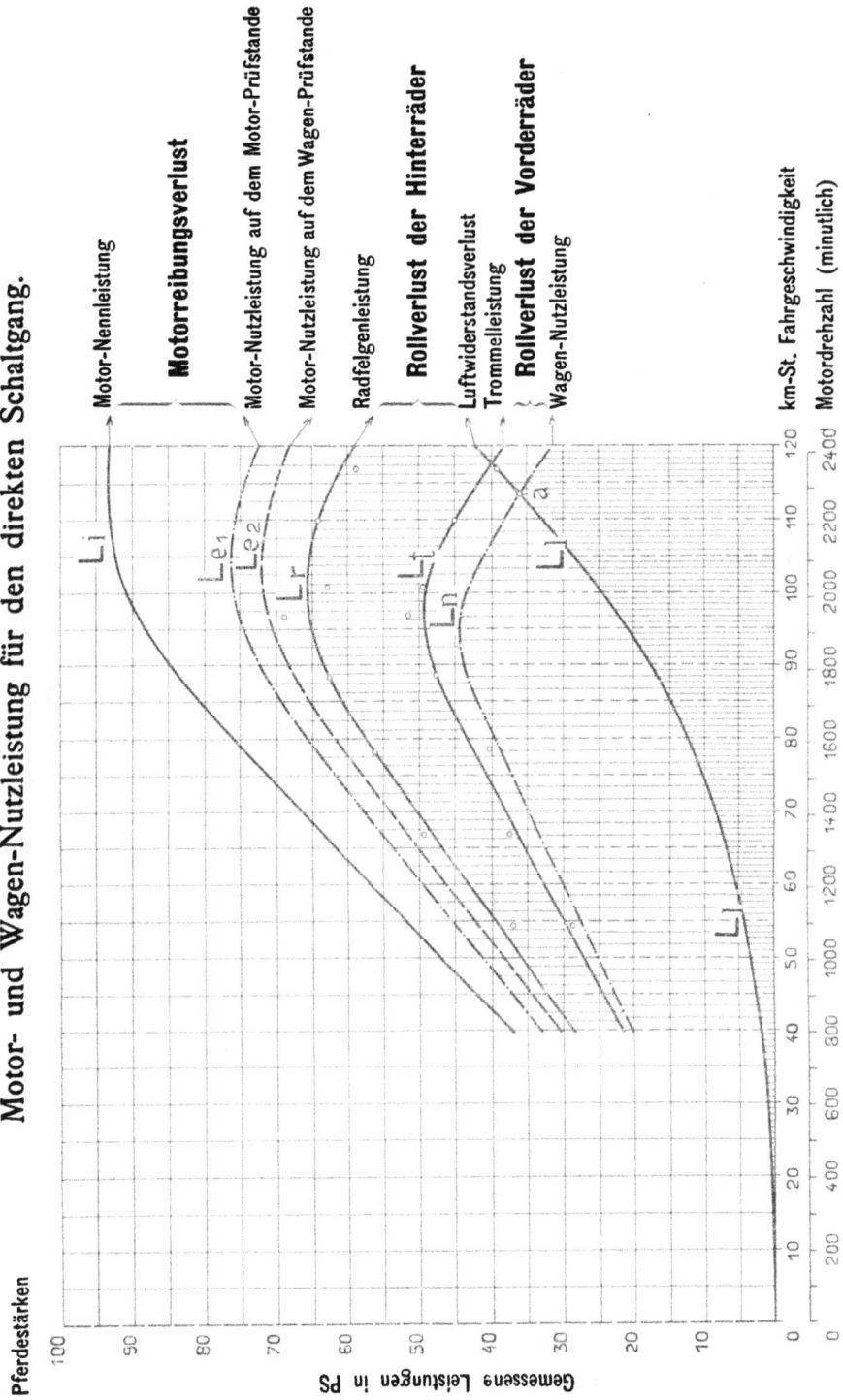

Motor-Nennleistung

Motorreibungsverlust

Motor-Nutzleistung auf dem Motor-Prüfstande

Motor-Nutzleistung auf dem Wagen-Prüfstande

Radfelgenleistung

Rollverlust der Hinterräder

Luftwiderstandsverlust
Trommelleistung

Rollverlust der Vorderräder

Wagen-Nutzleistung

km-St. Fahrgeschwindigkeit

Motordrehzahl (minutlich)

Pferdestärken

Gemessene Leistungen in PS

die Radfelgen-Leistung L_r und die Trommel-Leistung L_t , sowie

die Wagen-Nutzleistung L_n und damit auch

den Motorreibungsverlust (Ordinaten zwischen den Kurven der Nenn- und Nutzleistung),

den Getriebeverlust (Ordinaten zwischen Motor-Nutzleistung und Radfelgen-Leistung),

den Rollverlust der Hinterräder (Ordinaten zwischen Radfelgen- und Trommel-Leistung) und

den Vorderradverlust (Ordinaten zwischen den Kurven der Trommel-Leistung und der Wagen-Nutzleistung).

Die Widerstandsleistung für den Windverlust L_l ist für die gemessene Winddruckfläche von 1,1 qm des Rennwagens ermittelt.

Im Schnittpunkt der Windverlustkurve mit der Kurve L_n der Wagen-Nutzleistung ergibt sich

die erreichbare Höchstgeschwindigkeit des Adler-Rennwagens bei Fahrt in der Ebene, ohne Mit- oder Gegenwind, zu: . . . . 114 km/St.

Die erreichbare kleinste Fahrgeschwindigkeit

ohne Entkuppeln oder Bremsen, bei direktem Schaltgange, bestimmt durch die erreichbare niedrigste Motordrehzahl, beträgt . . . . 40 km/St.

Die Teilverluste im Adler-Rennwagen bei seiner Höchstgeschwindigkeit von 114 km/St. sind:

Motorreibungsverlust: . . . . 18,5 PS
Getriebeverlust: . . . . 12,0 „
Rollverlust insgesamt: . . . . 23,5 „
    einzeln: Hinterräder . . . . 20,0 PS
          Vorderräder . . . . 3,5 „
Vorderräder-Reibung und Ventilation: . . . 3,5 „
Windverlust des Wagens: . . . . 36,0 „

Das Energiediagramm des Adler-Rennwagens (Bild 76) ist bezogen auf die Motor-Nutzleistung bei schwach gedämpftem Auspuff.

Bild 76.
Energiediagramm
des
75 PS-Adler-Rennwagens
für 114 km stündliche Fahrgeschwindigkeit, bezogen auf die Motor-Nutzleistung (100%) bei gedämpftem Auspuff.
Motordrehzahl 2290.

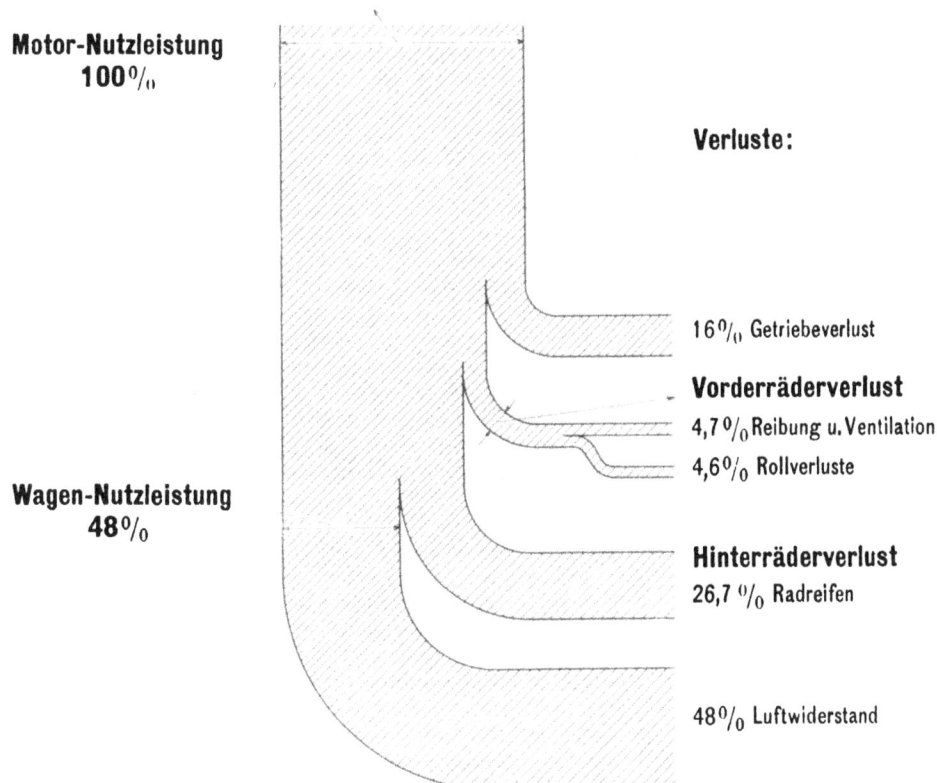

Motor-Nutzleistung 100%

Verluste:

16% Getriebeverlust

Vorderräderverlust
4,7% Reibung u. Ventilation
4,6% Rollverluste

Wagen-Nutzleistung 48%

Hinterräderverlust
26,7% Radreifen

48% Luftwiderstand

Die charakteristische Fahrgeschwindigkeit, die dem Energiediagramm zugrunde liegt, ist die erreichbare Höchstgeschwindigkeit des Rennwagens (114 km stündlich).

Nach dem Energiediagramm betragen:

die G e t r i e b e v e r l u s t e , R e i b u n g s -
und W i n d v e r l u s t e aller Räder: . 20,7 % der Motor-Nutzleistung,

die g e s a m t e n R e i f e n v e r l u s t e : . . 31,3 % „

die W a g e n - N u t z l e i s t u n g , für Luftwiderstand verfügbar: . . . . 48,0 % „

der E i g e n v e r b r a u c h d e s W a g e n s
bei 114 km stündlicher Fahrgeschwindigkeit: . . . . 52 % „

Die Prozentzahlen beziehen sich auf die Motor-Nutzleistung
bei schwach gedämpftem Auspuff.

Die R a d r e i f e n verluste im einzelnen betragen:

an den Hinterrädern: . . . . . . 26,7 %
an den Vorderrädern: . . . . 4,6 %.

Die Radreifenverluste sind daher an den H i n t e r r ä d e r n infolge
der Leistungsübertragung fast 6 m a l s o g r o ß als an den Vorderrädern.

Der E n e r g i e v e r l u s t zwischen M o t o r k u p p l u n g und F a h r -
b a h n (Bild 77)

schwankt im Bereiche der Fahrgeschwindigkeiten
von 40—114 km stündlich bei direktem Schalt-
gange zwischen: . . . . 34 und 43 % der Motor-Nutzleistung,

der W i r k u n g s g r a d des A d l e r - Rennwagens
zwischen: . . . . 66 und 57%.

Der b e s t e W i r k u n g s g r a d d e s A d l e r - R e n n -
w a g e n s wird erreicht bei einer stündlichen Fahrgeschwindigkeit von: . . . . 70 km.

Die s p e z i f i s c h e M o t o r - N u t z l e i s t u n g des
A d l e r - Wagens (Bild 78)

im Bereiche von 800—2400 Umdrehungen/Min. beträgt: 6,3—14,7 PS,
bezogen auf das Liter Hubvolumen des Motorzylinders.

Bild 77.

Energieübertragung von der Motorkupplung zur Fahrbahn
des
75 PS-Adler-Rennwagens.

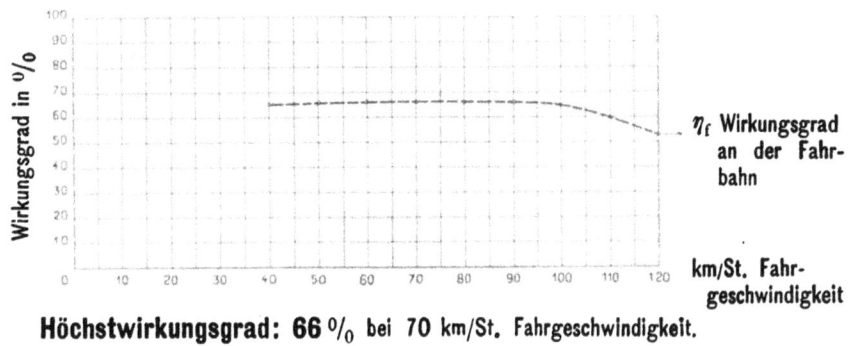

Höchstwirkungsgrad: 66 % bei 70 km/St. Fahrgeschwindigkeit.

Bild 78.

Spezifische Motor-Nutzleistung
des
75 PS-Adler-Rennwagens,
bezogen auf 1 Liter Zylinder-Hubvolumen.

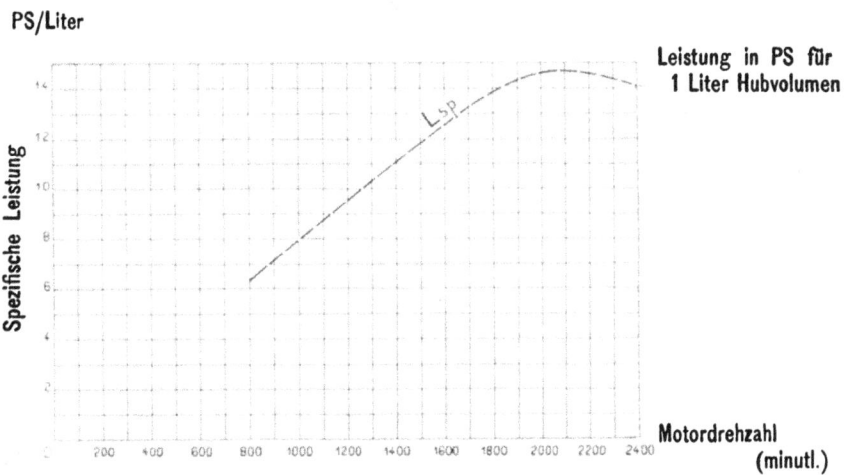

Größte spez. Motor-Nutzleistung: 14,7 PS bei 2100 Umdrehungen min.

Bild 79.

Spezifische Überschußleistung

des

75 PS - Adler - Rennwagens

für den direkten Schaltgang,

bezogen auf 1 Tonne betriebsfertiges Eigengewicht.

PS/Tonne

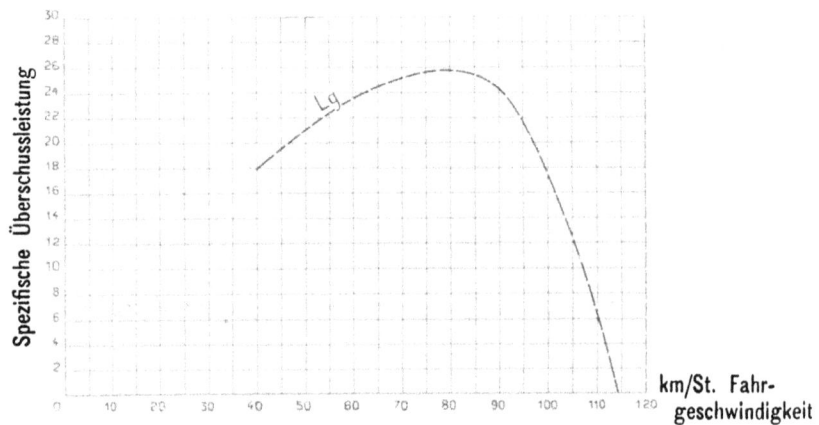

Höchstwert der spez. Überschussleistung: **25,8** PS bei **80** km/St. Fahrgeschwindigkeit.

Bild 80.

Beschleunigungsvermögen

des

75 PS - Adler - Rennwagens

für den direkten Schaltgang

m/sec²

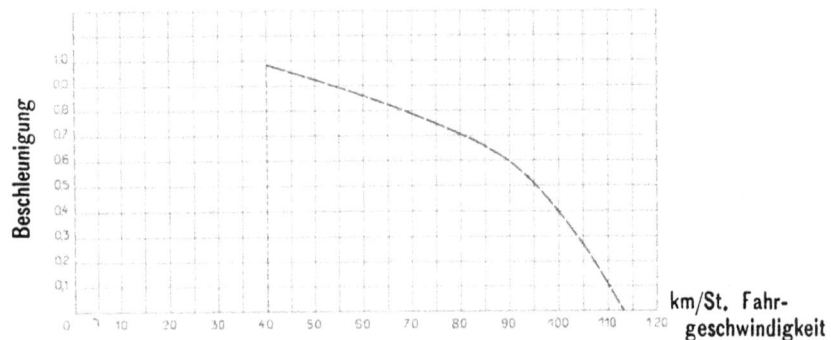

Höchstwert des Beschleunigungsvermögens: **0,98** m/sec² bei **40** km/St. Fahrgeschwindigkeit.

Die höchste spezifische Motor-Nutzleistung des Adler-Rennwagens (Bild 78)

    wird bei 2100 Umdrehungen/Min. erreicht und beträgt: 14,7 PS/l.

Die spezifische Überschußleistung des
Adler-Wagens ist in Bild 79 dargestellt.

Der Höchstwert der spezifischen Überschußleistung
beträgt: . . . .   25,8 PS/t

    und wird erreicht bei 80 km Fahrgeschwindigkeit.

Das Beschleunigungsvermögen des Adler-
Wagens ist in Bild 80 dargestellt.

Das größte Beschleunigungsvermögen
des Adler-Wagens beträgt: . . . .   0,98 m/sec²
und wird bei einer stündlichen Fahrgeschwindigkeit von 40 km
erreicht.

Die befahrbare Höchststeigung des Adler-
Rennwagens ergibt sich unter Zugrundelegung der erwähnten
Wagenbelastung durch Multiplikation des Ordinatenmaßstabs

mit $\dfrac{1}{0,0981}$ und beträgt bei 40 km stündlicher Fahrge-

schwindigkeit: . . . .   10 %

    der Weglänge.

In allen diesen Fällen ist die für das Rennen vorgeschriebene Wagenbelastung durch 3 Personen zugrunde
gelegt.

Bemerkungen zu den Einzelheiten der Versuchsreihen.

1. Getriebeverluste

bei den verschiedenen Fahrgeschwindigkeiten

(Summe der Einzelverluste durch Geschwindigkeitsschaltgetriebe, Gelenkwelle, Differenzial, Hinterradantrieb, einschließlich Windverlust der Hinterräder):

Bild 81.

Getriebeverluste

des

75 PS-Adler-Rennwagens

für den direkten Schaltgang.

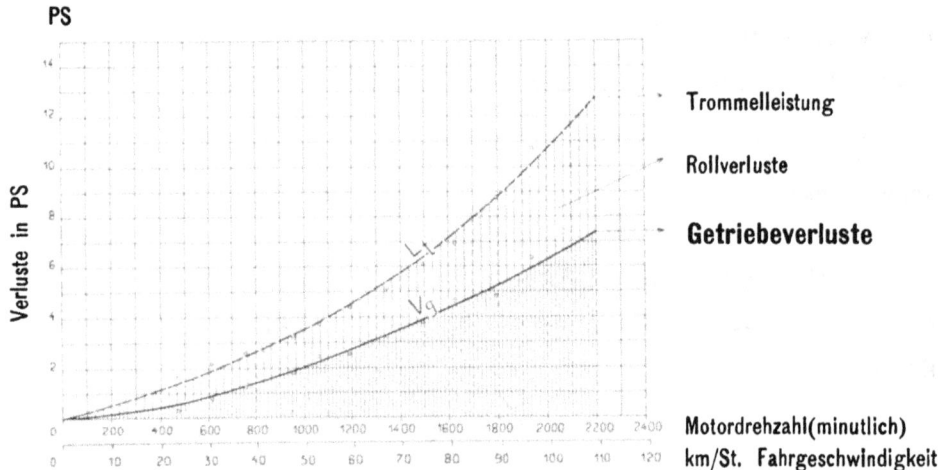

Höchstwert: 7,2 PS = 16 % der Motor-Nutzleistung bei 114 km/St. Fahrgeschwindigkeit.

Bild 81 zeigt den Getriebeverlust für den direkten Schaltgang.

Der Gesamtgetriebeverlust bei Volleistung des Motors ist als Summe der in dieser Versuchsreihe ermittelten Verluste V_g und der Differenz der Motor-Nutzleistungen L_{e_1} und L_{e_2} (Fahrdiagramm Bild 75) ermittelt und allen übrigen Rechnungen zugrunde gelegt.

Bild 82.

Vorderradverluste
des
75 PS-Adler-Rennwagens.

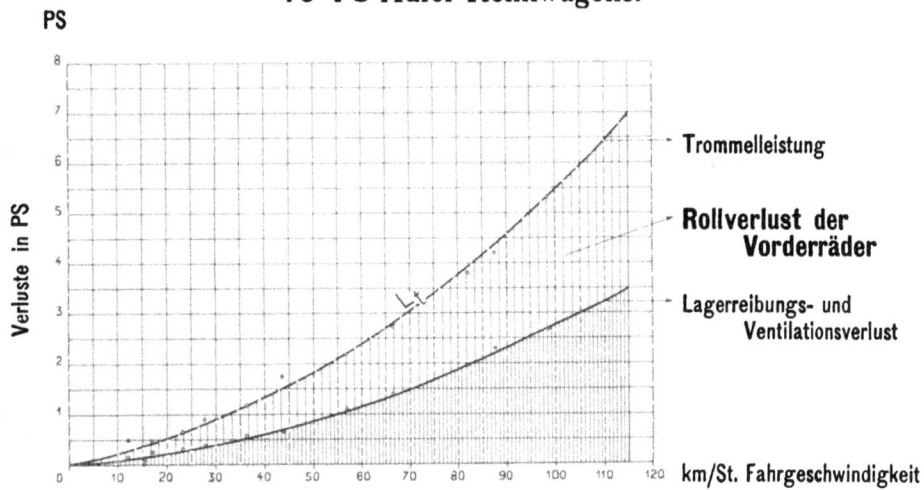

Bild 83.

Motorreibungsverluste
des
75 PS-Adler-Rennwagens
(ohne Kompression).

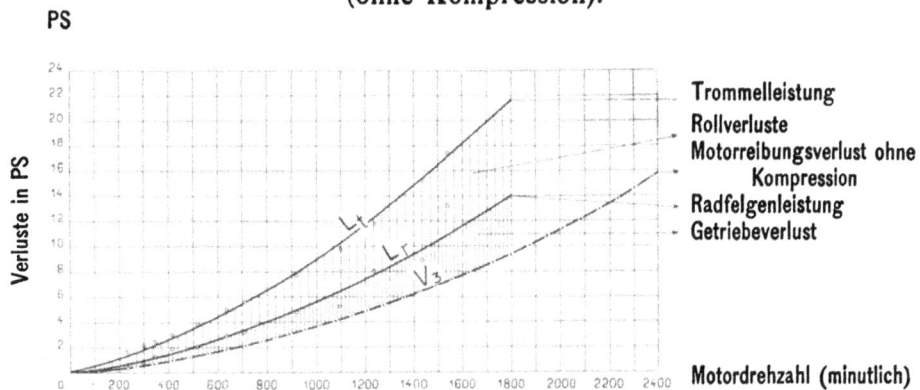

2. Vorderradverluste (Bild 82):

Die Vorderradverluste sind in Rollverluste und Lagerreibungsverluste mit Windverlust geteilt und als Funktion der Fahrgeschwindigkeit dargestellt.

Bild 84.

Motorreibungsverluste des 75 PS-Adler-Rennwagens
(mit Kompression).

PS

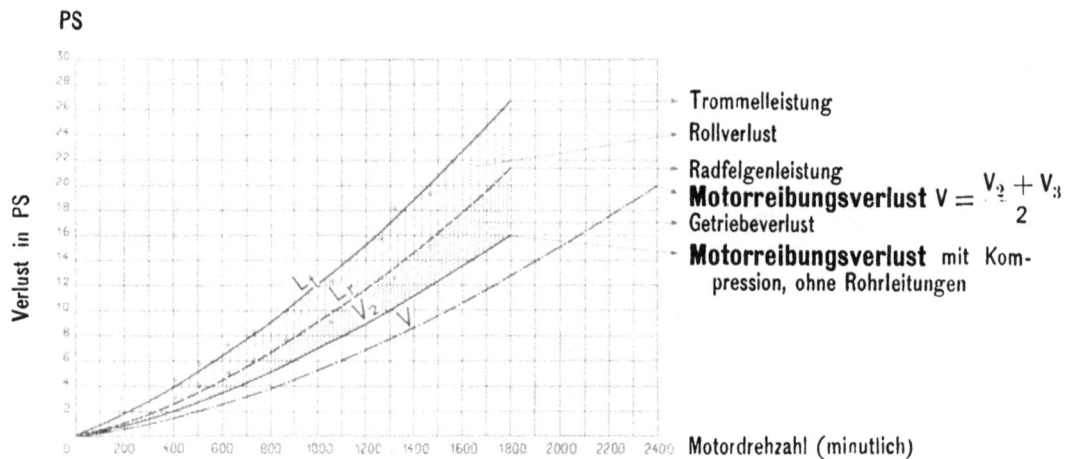

- Trommelleistung
- Rollverlust
- Radfelgenleistung
- **Motorreibungsverlust** $V = \dfrac{V_2 + V_3}{2}$
- Getriebeverlust
- **Motorreibungsverlust** mit Kompression, ohne Rohrleitungen

Verlust in PS

Motordrehzahl (minutlich)

3. Motorreibungsverluste:

Die Motorreibungsverluste V_3 o h n e Kompression (ohne Rohrleitungen) bei verschiedenen Motordrehzahlen sind dargestellt in Bild 83.

Die Motorreibungsverluste V_2 m i t Kompression (ohne Rohrleitungen) bei verschiedenen Motordrehzahlen sind in Bild 84 dargestellt.

Der wirkliche Motorreibungsverlust V als arithmetisches Mittel aus V_3 und V_2 ist gleichfalls in Bild 84 veranschaulicht.

Die spezifischen Motorreibungsverluste zeigt Bild 85.

Den Betriebswirkungsgrad bringt Bild 86 als Funktion der Motordrehzahl zur Darstellung.

Bild 85.

Spezifische Motorreibungsverluste

des

75 P S - A d l e r - R e n n w a g e n s,

bezogen auf 1 Liter Zylinder-Hubvolumen.

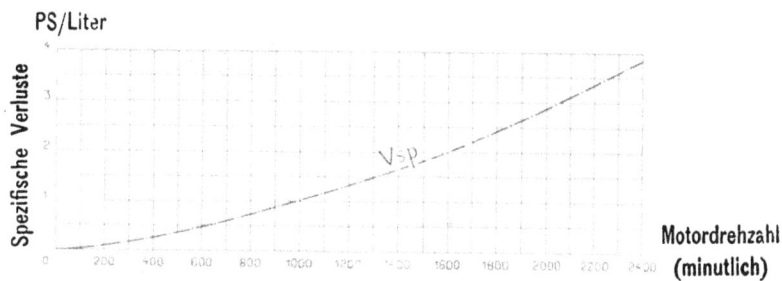

Höchstwert des spez. Motorreibungsverlustes: **3,8** PS/l bei 2400 Umdrehungen min.

Bild 86.

Betriebswirkungsgrade

des

75 P S - A d l e r - R e n n m o t o r s.

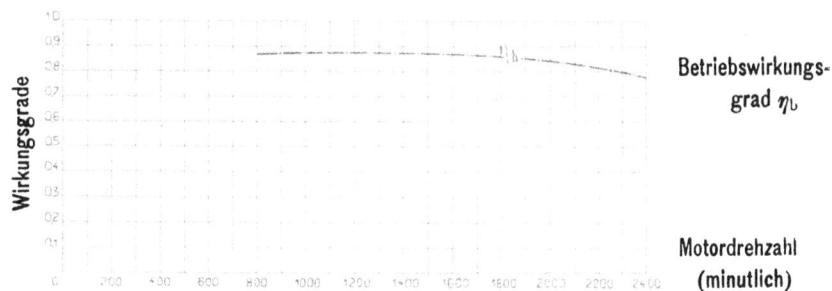

Höchstwert des Betriebswirkungsgrades: **88** %.

Bild 87.

Spezifische Leistungen des 75 PS-Adler-Rennmotors

(Nutzleistung, Motorreibungsverlust) bezw. mittlere spez. Arbeitsdrücke.

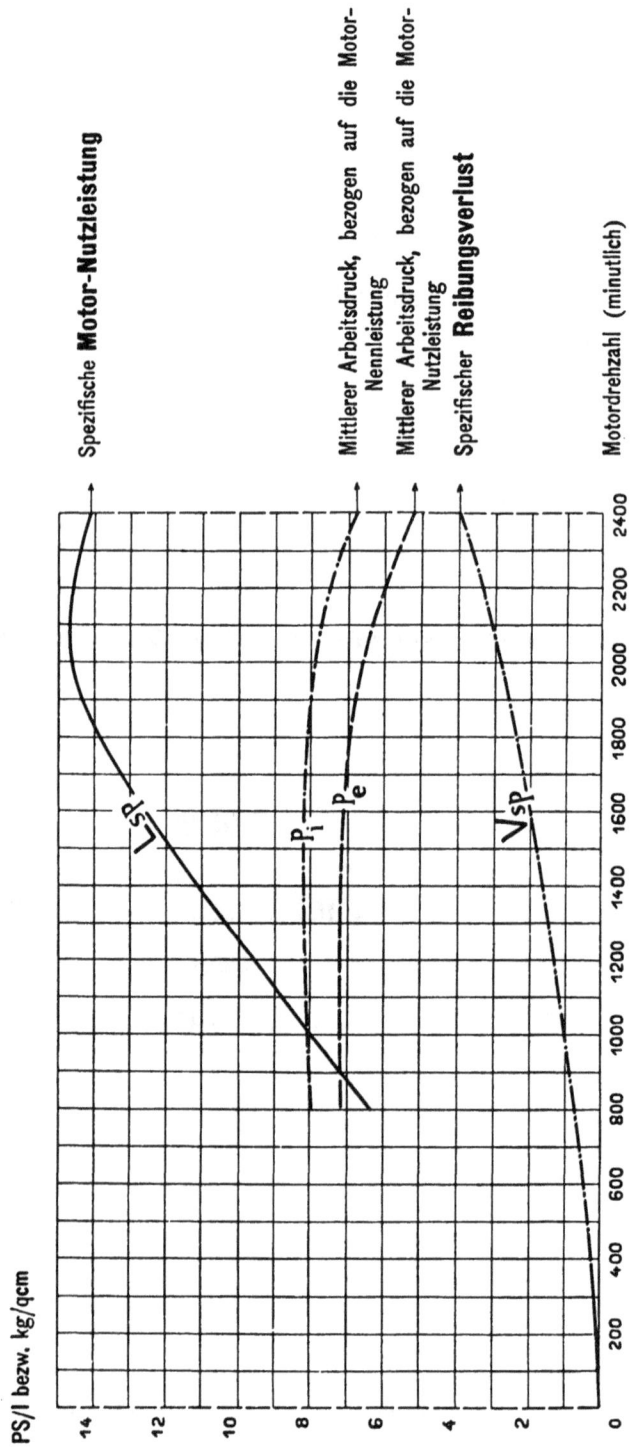

Spezifische **Motor-Nutzleistung**

Mittlerer Arbeitsdruck, bezogen auf die Motor-Nennleistung

Mittlerer Arbeitsdruck, bezogen auf die Motor-Nutzleistung

Spezifischer **Reibungsverlust**

Motordrehzahl (minutlich)

PS/l bezw. kg/qcm

Im Bereiche der Motordrehzahlen von 800—2400
minutlich ändert sich der spezifische Motorreibungsverlust
zwischen: . . . . 0,7 und 3,8 PS,
bezogen auf 1 Liter Hubvolumen des Motorzylinders.

Der Betriebswirkungsgrad ändert sich zwischen . . 88 und 78 %.

Die spezifischen Motorleistungen sind in Bild 87 dargestellt, ebenso

die mittleren spezifischen Arbeitsdrücke p_i und p_e.

Im Bereiche der Motordrehzahlen von 800 2400
minutlich schwankt der mittlere spezifische Arbeitsdruck

p_i, bezogen auf die Nennleistung, zwischen: . . 8,2 und 6,8 kg/qcm,

p_e, „ „ „ Nutzleistung „ . . 7,2 „ 5,2 „

Vergleich des Adler-Rennwagens

mit dem

30 PS-Renault-Wagen (Bericht II).

Der unmittelbare Vergleich des Rennwagens mit einem Gebrauchswagen hat nur den Zweck, die Wirkung zu kennzeichnen, die beim Rennwagen und Rennmotor durch die nachgewiesene hohe mechanische Güte und die nachgewiesene große Erhöhung der Leistungsfähigkeit erreicht ist. Diese Wirkung besteht wesentlich in der Verminderung der Motorreibung und der Erhöhung der spezifischen Motorleistungen und wird durch die Ausnutzung höchstwertigen Materials und höchstwertige Ausführung, also durch Mittel erzielt, die auch beim Gebrauchswagen viele Verbesserungsmöglichkeiten zulassen.

Die höchsten Betriebswirkungsgrade sind:

bei Adler (Bericht IV, Bild 86): . . . . 88 %,

bei Renault („ II, „ 30): . . . . 82 %.

Die größte spezifische Motor-Nutzleistung, welche die größte Leistungsfähigkeit der Maschine kennzeichnet, ist:

bei Adler, bei minutlich 2100 Umdrehungen des Motors (Bild 87): . . . . 14,7 PS/l,

bei Renault, bei minutlich 1400 Umdrehungen des Motors (Bericht II Bild 31): . . . . 6,1 „

daher bei Adler 2,4 mal so groß als bei Renault.

Die Höchstwerte der mittleren spez. Arbeitsdrücke, auf die Nutzleistung bezogen, sind:

bei Adler, bei minutlich 1200 Umdrehungen des Motors: . . . . 7,2 kg/qcm,

bei Renault, bei minutlich 400 Umdrehungen des Motors: . . . . 5,4 „

Somit ergibt sich bei Adler eine Erhöhung der spez. Arbeitsdrücke um 33 % gegenüber Renault.

Die spezifischen Motorreibungsverluste betragen bei minutlich 1000 Umdrehungen des Motors

bei Adler (Bild 85): . . . . 1,0 PS/l,
bei Renault (Bericht II Bild 29): . . . . 1,45 „

Diese Versuchsergebnisse kennzeichnen auch deutlich, wie durch Erhöhung der Drehzahl, durch höchstwertige Ausführung, wirksame Schmierung, richtige Bemessung der Einzelheiten, insbesondere der Strömungsquerschnitte, bei gleichzeitiger Verminderung der bewegten Massen große mechanische Güte des Motors und hohe spezifische Leistung erzielt werden.

Die größte Leistungsfähigkeit des Wagens ist gekennzeichnet durch die Überschußleistung und durch das Beschleunigungsvermögen des Wagens.

Die größte Überschußleistung beträgt

bei A d l e r (Bild 79): für 1 t betriebsfähiges Eigengewicht 25,8 PS,
„ R e n a u l t (Bericht II Bild 16): „ 1 t „ „ 6,3 „

Die Höchstwerte des Beschleunigungsvermögens werden erreicht

bei A d l e r (Bild 80): bei 40 km Fahrgeschwindigkeit mit 0,98 m/sec², „ R e n a u l t (Bericht II Bild 17): „ 16 „ „ „ 0,53 „

Die Überschußleistungen sind also bei A d l e r 4,1 m a l s o g r o ß als bei R e n a u l t, das Beschleunigungsvermögen bei A d l e r 1,8 m a l s o g r o ß als bei R e n a u l t.

Selbst wenn die Werte für den A d l e r - Rennwagen mit Rücksicht auf seinen Sonderzweck erheblich vermindert werden, ist seine Überlegenheit und der auszunutzende Fortschritt noch immer sehr groß.

Die Wertung des R e n a u l t - Wagens für seinen Zweck als Tourenwagen kann natürlich nicht an dieser Stelle vorgenommen werden. Dies wird an anderer Stelle, im Vergleich mit zahlreichen anderen Tourenwagen, erfolgen.

Die A d l e r - Rennwagen und insbesondere deren Motoren sind nicht ausschließlich und einseitig für den Rennzweck entwickelt. Aus den Versuchsresultaten und aus dem Verhalten dieses Rennwagens auf dem Prüfstande ist deutlich zu erkennen, daß bei seinem Bau das Bestreben fehlte, im Motor und im Wagen alle Widerstände auf das überhaupt erreichbare Minimum herabzubringen und einen Spezialwagen zu schaffen, der nur für kurze Rennen berechnet, nicht aber mehr als Gebrauchswagen anzusprechen ist.

Das Triebwerk besitzt bei den A d l e r - Rennmaschinen noch immer Abmessungen, die auch für eine Gebrauchsmaschine dienen können, also nicht bloß für den Rennzweck allein, für kurz dauernde Höchstleistung, sondern auch für Volleistung im Dauerbetrieb anwendbar sind.

Hieraus ergibt sich, bei gleich hochwertiger mechanischer Güte, größere Zuverlässigkeit, aber unvermeidlich größerer spezifischer Motorreibungsverlust der A d l e r - Maschine gegenüber anderen Rennmaschinen, die nur als Spezialkonstruktionen für kurze Rennen gebaut werden. Gegenüber dem Renaultmotor beträgt die Verbesserung noch immer 28%.

Der Adler-Rennwagen hat auch bei den unvermeidlichen Überanstrengungen auf dem Prüfstande, die weit über die bei Rennen üblichen Beanspruchungen hinausgehen müssen, abgesehen von der Bereifung, keinerlei Anstand ergeben. Viele Einzelheiten des Motors, insbesondere die Schmierung, sind durchaus vorbildlich auch für Gebrauchsmotoren; daher ergeben sich auf Grund des Vergleichs mit dem Adler-Rennwagen viele Verbesserungsmöglichkeiten auch für den Gebrauchswagen. Aus dem Motor des Adler-Rennwagens würde sich auch ein sehr brauchbarer Luftschiff- und Flugmotor entwickeln lassen. Auf dem Prüfstande hat der Adler-Motor bei stundenlanger Vollbelastung und Höchstgeschwindigkeit ohne jede Störung entsprochen. Für einen Wagenmotor, insbesondere einen Rennmotor, ist dies eine ganz ungewöhnliche Überlastung.

Die Ergebnisse der Untersuchung des Adler-Rennwagens zeigen eine außerordentliche Erhöhung der spezifischen Höchstleistungen des Motors, die nur erreicht werden kann:

durch Erhöhung des Kompressions-Enddrucks auf das Höchstmaß, das durch die Selbstzündung des Gemisches bestimmt ist,

durch Erhöhung der Drehzahl bei gleichzeitiger Vergrößerung des Verhältnisses von Hub und Zylinderdurchmesser, damit

durch sehr hohe Kolbengeschwindigkeit (11,5 m Höchstgeschwindigkeit),

durch möglichste Verminderung der bewegten Triebwerksmassen und

durch höchstwertiges Material und höchstwertige Ausführung bei vorzüglicher Schmierung und vorzüglicher Ausbildung aller Einzelheiten.

Die durch die Versuche nachgewiesenen mittleren spezifischen Arbeitsdrücke der Adler-Rennmaschinen sind gleich hoch wie die der besten stationären Verbrennungsmaschinen, der Diesel-Maschinen, bei denen die großen Schwierigkeiten des Kompressionsraumes und des Kompressions-Enddrucks und die Abhängigkeit von der Selbstzündung nicht vorhanden sind.

Der nachgewiesene Betriebswirkungsgrad ist gleichfalls so hoch, wie er sonst nur bei besten stationären Verbrennungsmaschinen erreicht wird.

Beachtenswert ist insbesondere das Versuchsergebnis, daß der A d l e r - Rennmotor, obwohl er nach der landläufigen Annahme einen ungünstigen Verbrennungsraum besitzt, bei gleicher Endkompression und im gleichen Drehzahlbereich dennoch genau gleiche Motor-Nutzleistung ergab wie der B e n z - Motor.

Der A d l e r - Motor hat seitlich liegende Ventilkammern, der B e n z - Motor den ganzen Verbrennungsraum im Zylinderkopf. Beide Maschinen haben sehr große Ventil- und Rohrquerschnitte. Bei mehr als 1600 Umdrehungen minutlich ist die spezifische Motor-Nutzleistung des A d l e r - Motors sogar besser als die des B e n z - Rennmotors, trotz des einheitlichen Verbrennungsraumes bei letzterem.

Werden die spezifischen Motor-Nutzleistungen für gleiche spezifische Motorreibungsverluste ermittelt, so verschiebt sich das Ergebnis noch mehr zugunsten des A d l e r - Motors.

Dieser Unterschied dürfte seine Erklärung finden in den einfachen Ventilen des A d l e r - Motors gegenüber den Doppelventilen des Benz-Rennmotors. Einzelheiten hierzu werden in einem besonderen Berichte über die „Grundlagen der Motorsteuerungen" veröffentlicht werden.

In diesem Zusammenhange kann daher die Frage aufgeworfen werden, die die Konstrukteure schon seit langem in hohem Maße beschäftigt: welches der Einfluß der gegenwärtig üblichen Formen des Verbrennungsraumes ist. Diese Frage wird gleichfalls später im Anschluß an Untersuchungen über den Einfluß der Ventil- und Rohrquerschnitte und des volumetrischen Wirkungsgrades auf die Motorleistung eingehende Behandlung finden.

Probefahrten

mit dem A d l e r - Rennwagen, zur Vergleichung der durch die Versuche ermittelten Höchstfahrgeschwindigkeiten mit den in praktischer Fahrt erreichten, konnten entbehrt werden, weil der untersuchte Wagen an der Prinz Heinrich-Fahrt 1910 teilgenommen hat und die dabei erreichten Fahrgeschwindigkeiten bekannt sind.

Auf dem Prüfstande wurde beim 75 PS - A d l e r - Rennwagen (unabhängig von subjektiven Einflüssen) gemessen:

die erreichbare Höchstgeschwindigkeit von stündlich . 114 km.

Bei der Prinz Heinrich-Fahrt wurden mit gleichartigen A d l e r - Wagen, abhängig von subjektiven Einflüssen und Nebenwirkungen, erreicht:

auf der Rennstrecke
bei G e n t h i n:

A d l e r - Rennwagen Start-Nr. 57   119,855 km stündl. Fahrgeschwindigkeit,

„	„	58	88,472	„	„	„
„	„	59	108,791	„	„	„
„	„	60	117,997	„	„	„
„	„	61	125,316	„	„	„
„	„	62	119,421	„	„	„

Bauart des untersuchten 75 PS-Adler-Rennwagens.

Motor: 4 Zylinder: 105 mm Durchmesser, 150 mm Hub.

Motordrehzahl: 500—2400 minutlich.

Bauart des Wagens: Bild 88—105.

Bild 88.

75 PS-Adler-Rennwagen der Prinz-Heinrich-Fahrt 1910.

Wagengewicht im betriebsfertigen Zustande mit viersitziger Rennkarosserie, ohne Besetzung, samt Werkzeugen und 40 Liter Benzin = 1064 kg. Vorderachsdruck: 520 kg, Hinterachsdruck: 544 kg.

Wagengewicht mit 3 Personen Belastung, entsprechend den Bestimmungen der Prinz Heinrich-Fahrt 1910, = 1284 kg; somit: Vorderachsdruck: 568 kg, Hinterachsdruck: 716 kg.

Während aller Versuche wurden diese Achsdrücke beibehalten.

Luftdruck in den Reifen (in kaltem Zustande): $4^3/_1$ Atm. Überdruck während aller Versuche.

Bild 89 u. 90.

75 PS-Adler-Rennwagen auf dem Prüfstande
im Laboratorium für Kraftfahrzeuge der Techn. Hochschule.

Bild 89. Stirnansicht.

Benzinmessung.   Kühlwasser-
                      messung.

Bild 90. Seitenansicht.

Motorprüfstand.   Benzin- u. Kühl-   Auspuff.
                   wassermessung.

Bild 91.

75 PS-Adler-Rennwagen auf dem Prüfstande.

Hinteransicht.

Motorprüfstand. Wagenprüfstand. Zugkraftmessung.
Luftmessung.

Radstand des Wagens: 2790 mm.

Spurweite des Wagens: 1350 mm.

Bereifung: Rechtes Vorderrad: 815 × 105, glatt.

Außendurchmesser: 830 mm (gemessen).

Größte Eindrückung auf der Lauftrommel: 11,5 mm bei 284 kg Raddruck.

Linkes Vorderrad: 815 × 105, glatt.

Außendurchmesser: 820 mm (gemessen).

Reifeneindrückung: 11,5 mm bei 284 kg Raddruck.

Rechtes Hinterrad: 820 × 120, Gleitschutz.

Außendurchmesser: 819 mm (gemessen).

Reifeneindrückung: 14 mm bei 358 kg Raddruck.

Linkes Hinterrad: 820 × 120, glatt.

Außendurchmesser: 813 mm (gemessen).

Reifeneindrückung: 14 mm bei 358 kg Raddruck.

Bild 92 u. 93:

Motor des 75 PS-Adler-Rennwagens.

Bild 92. Vergaserseite.

Bild 93. Auspuffseite.

Motor:

Zwei Motorzylinder in einem Block. Einlaßventil hängend, Auslaß-
ventil stehend in seitlicher Ventilkammer angeordnet.

Zündung: zwei von einander unabhängige, gleichzeitig arbeitende
Lichtbogenzündungen, von Hand verstellbar. Entfernung der beiden
Funkenstrecken in der Ventilkammer 40 mm. Größte einstellbare Vorzündung 23 % vor Totpunkt. Stromerzeugung durch zwei Bosch-Magnetapparate.

Kompressionsraum im Mittel: 346 ccm
Hubvolumen . . . .   1298 ccm
Kompressionsgrad   4,78

Ventile: Ein- und Auslaßventil-Querschnitt: 14,05 qcm.
Innerer Sitzdurchmesser beider Ventile: 56 mm. Ventilhub 9 mm.

Bild 94 u. 95.

Zylinder und Kolben des 75 PS-Adler-Rennmotors.

Bild 94. Längs- und Querschnitte des Zylinders. Maßst. 1 : 5.

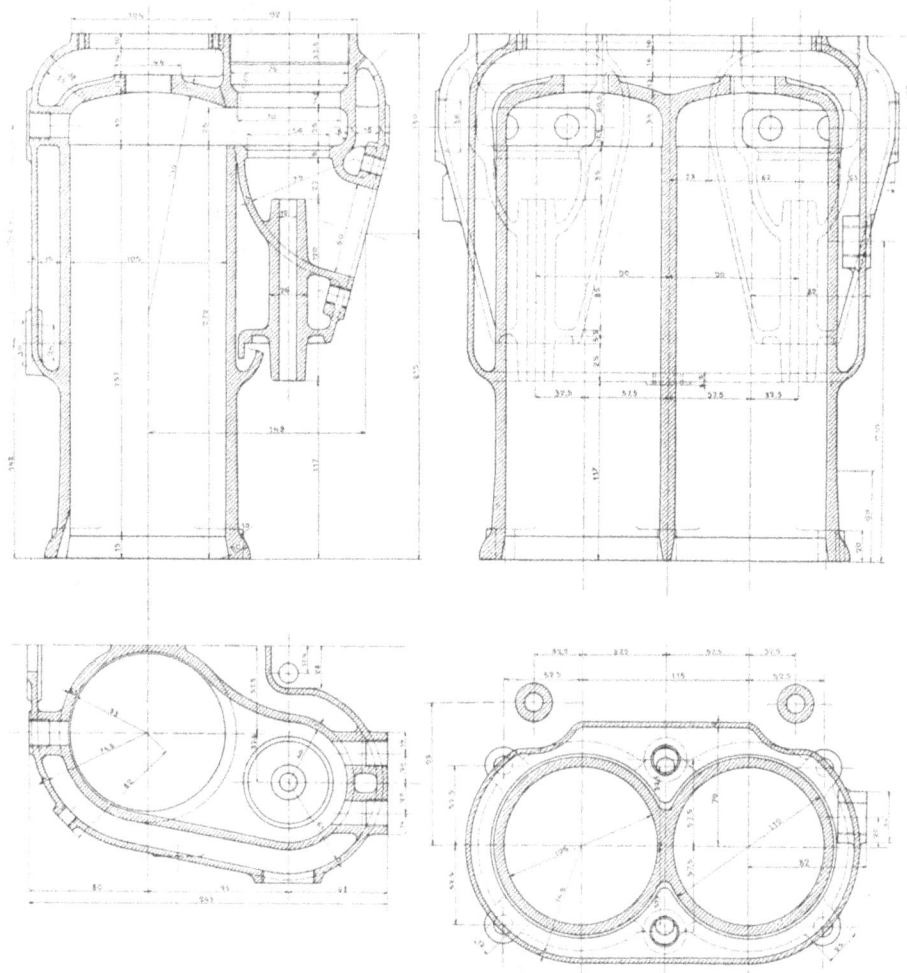

Bild 95. Längs- und Querschnitte des Kolbens. Maßst. 1 : 4.

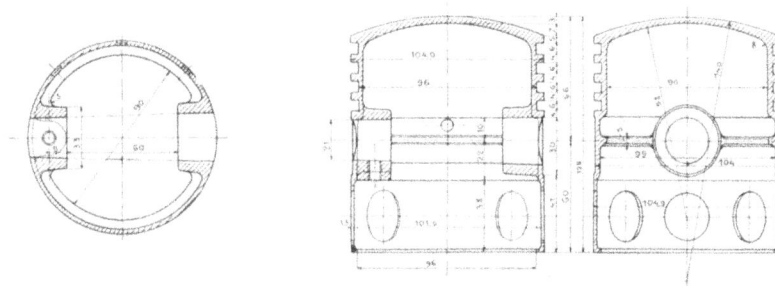

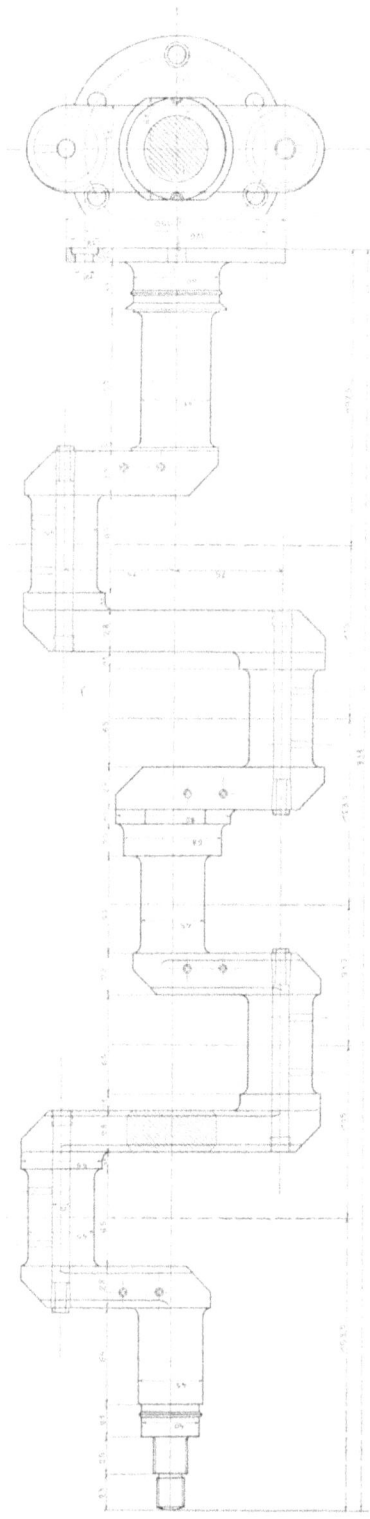

Bild 96 u. 97.

Kurbelwelle und Triebstange

des

75 PS-Adler-Rennmotors.

Bild 96. Kurbelwelle.
Maßstab 1 : 5.

Bild 97.

Triebstange.

Maßstab 1 : 4.

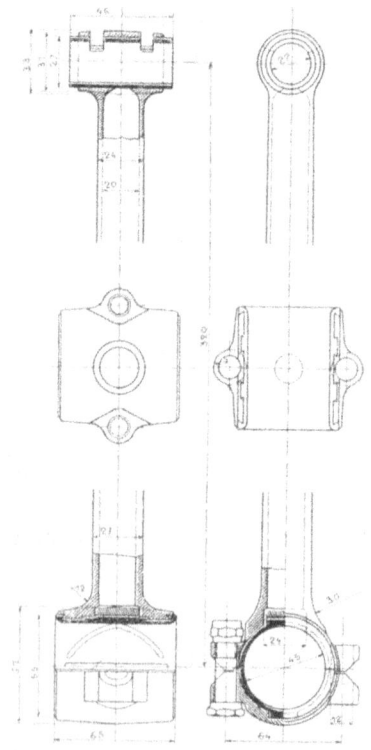

Gewicht der Triebstange: 1,425 kg.

Bild 98.

Der untersuchte A d l e r - Rennwagen wurde aus der Reihe der Wagen mit Holzrädern (statt Drahtspeichenrädern Bild 88) ausgewählt (Bild 98).

Bild 99 zeigt die Vorkehrungen zur Winddruckminderung und zum Windschutz des Fahrers an den Stirnflächen des Wagens.

Bild 99.

Bild 100.
Cardanwelle des 75 PS-Adler-Rennwagens.

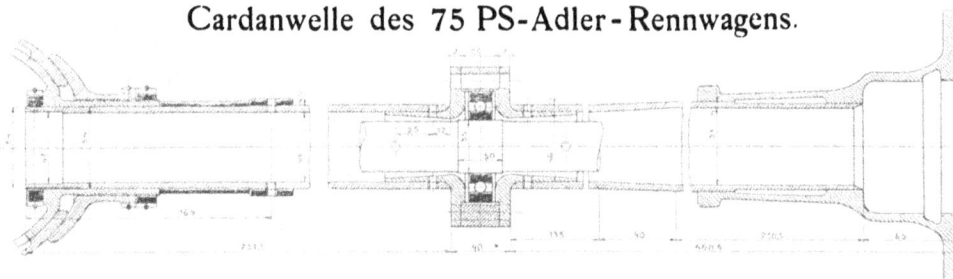

Maßstab 1 : 5.

G e s c h w i n d i g k e i t s w e c h s e l g e t r i e b e des Adler-Rennwagens:
3 Vorwärtsgänge, 1 Rückwärtsgang, Kulissenschaltung mit 2 Schaltebenen.

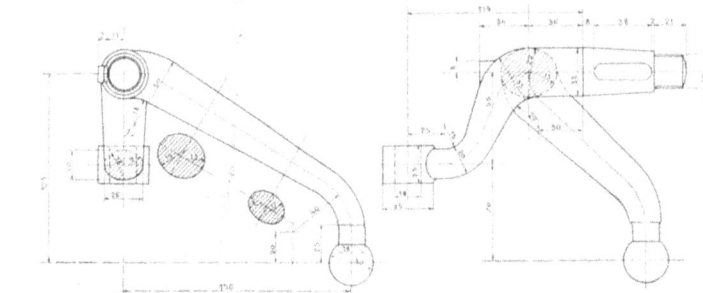

Bild 101.

Lenkhebel.

Maßstab 1 : 5.

Bild 102.

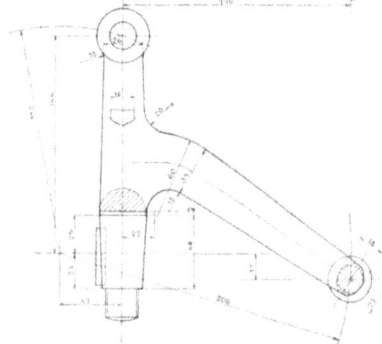

Achsschenkel.   Maßstab 1 : 5.

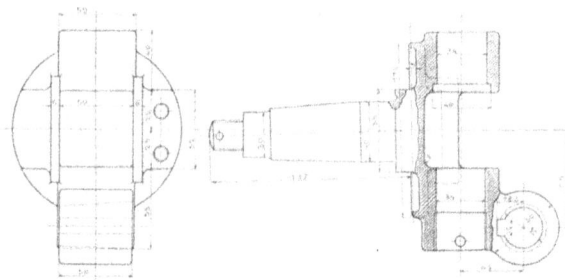

Bild 101—103.

Vorderachse, Lenkhebel und Achsschenkel

des

75 PS-Adler-Rennwagens.

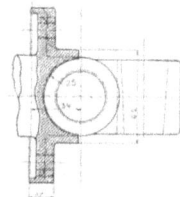

Bild 103. Vorderachse. Maßst. 1 : 12.

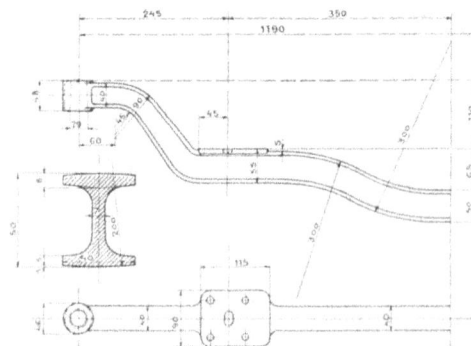

Gewicht aller ungefederten Teile der
Vorderachse (einschließl.
Steuerungsgestänge): . . 91,0 kg

Gewicht der Achse allein
mit beiden Radschenkeln: 23,3 kg

Gewicht eines Rades mit
Reifen: . . . . 28,0 kg

Bild 104 u. 105.

Hinterradantrieb des 75 PS-Adler-Rennwagens.

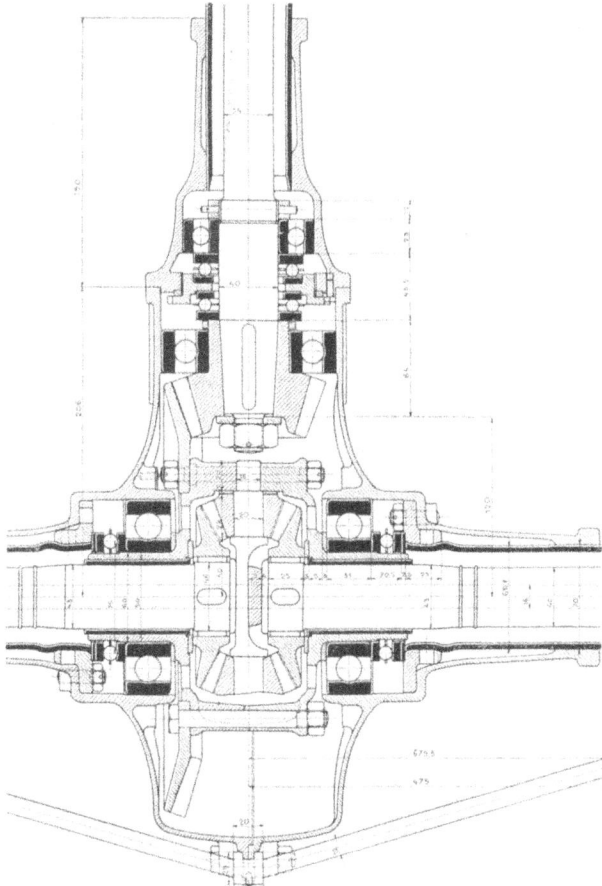

Bild 104.

Wellenantrieb und
Differenzial.

Maßst. 1 : 5.

Übersetzung zwi-
schen Motor und Hinter-
achse beim
III. (direkten) Gang:
1 : 2,895.

Übersetzung nur im
Hinterradantrieb (19/55
Zähne).

Kraftübertragung
auf die Hinterachse:
durch Welle mit einem
Gelenk.

Ausgleichräder
im Differenzial: Kegel-
räder.

Bild 105.

Hinterachse und
Bremse
des 75 PS-Adler-
Rennwagens.

Maßst. 1 : 5.

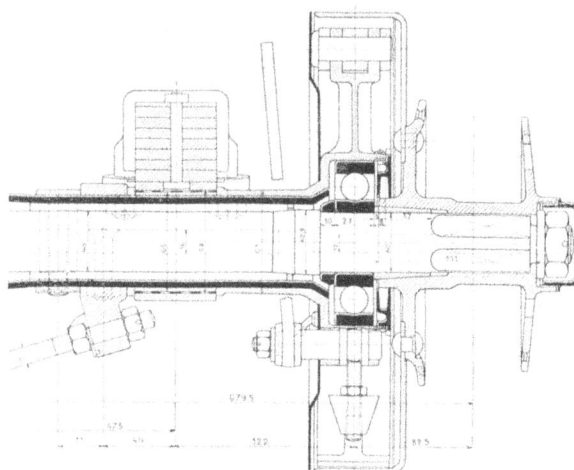

Laboratorium für Kraftfahrzeuge

an der

Königl. Technischen Hochschule

zu Berlin

Schlußfolgerungen

zu den Berichten I–IV

(Triebwerksverluste — Überschußleistung — Schnellaufende Motoren —

Rollverluste der Gummibereifung —

Untersuchung von Rennwagen — Wertung von Kraftwagen und Kraftmaschinen)

—:—

Umfassende allgemeine Schlußfolgerungen, sowie auch Folgerungen aus den Einzelheiten der Versuchsergebnisse und insbesondere umfassende Beurteilungen der Gebrauchswagen sollen erst dann veröffentlicht werden, wenn schon eine größere Zahl von Wagenuntersuchungen durch die Laboratoriums-Berichte bekanntgegeben sein wird, sodaß jede Schlußfolgerung von jedem Sachkundigen auf Grund gleichartiger Versuche beurteilt werden kann.

Hingegen soll schon vor dieser Veröffentlichung Anregung dazu geboten werden, daß ähnliche Versuche, wenigstens an Motoren und Einzelheiten der Wagen, von Interessenten veröffentlicht werden und nicht in den Protokollen der Versuchsfelder der Fabriken begraben bleiben.

Geheimtuerei ist auch im Automobilbau längst zwecklos und unmöglich geworden und wird nur von Empirikern geübt, die vermeintlich auf ganz besonderen, anderen unbekannten Erfahrungen fußen, während diese „Erfahrungen" meist nur teures und oft unnütz ausgegebenes Lehrgeld bedeuten. Daß so außerordentlich wenig über die zahlreichen Versuche von Fabriken in die Öffentlichkeit dringt, hat bei hochstehenden Werken oft nur den Grund, daß den sachkundigen Leitern die Zeit, vielfach aber auch die wirksame Anregung dazu fehlt, die Versuchsergebnisse weiteren Kreisen zugänglich zu machen.

Diese Anregung soll hier gegeben werden, und im allgemeinen Interesse wäre es nur zu wünschen, daß sie auf fruchtbaren Boden fiele, denn die Ergebnisse der Laboratoriumsversuche zeigen deutlich, wie sehr sich wissenschaftliche Versuche lohnen und zur Aufdeckung grober Widersprüche zwischen der Wirklichkeit und den landläufigen Auffassungen, sowie den im Automobilbau vielfach maßgebenden „Erfahrungen" der Empiriker beizutragen vermögen.

Allgemeine Schlußfolgerungen aus den Versuchen müssen unvermeidlich auch eine ö f f e n t l i c h e W e r t u n g verschiedener Bauarten und Ausführungen von Kraftwagen in sich schließen. Hierzu wird es erst an der Zeit sein, wenn eine Reihe von weiteren Versuchsergebnissen, auch auf den G r e n z g e b i e t e n, vorliegt. Der Anfang zu solchen Versuchen ist mit der Untersuchung mehrerer R e n n w a g e n gemacht, denen die Prüfung von F l u g m o t o r e n und Flugzeugen folgen soll.

Auf Grund der hier veröffentlichten und weiterer inzwischen durchgeführter Versuche lassen sich aber schon jetzt die in der Einleitung zu diesen Berichten aufgestellten allgemeinen Fragen wie folgt beantworten:

1. Die bisher ausschließlich übliche s u b j e k t i v e Wertung von Kraftwagen mit ihren zahlreichen Z u f ä l l i g k e i t e n und falschen M e i n u n g e n k a n n vermieden werden.

2. Die o b j e k t i v e Wertung der Kraftwagen unter Verhältnissen, die genau mit der W i r k l i c h k e i t des praktischen Fahrbetriebes übereinstimmen, ist vollständig erreichbar.

3. Diese objektive Wertung kann durch zuverlässige, ausreichend genaue M e s s u n g e n begründet werden.

4. Die Ergebnisse aller Untersuchungen geben viele wertvolle Anhaltspunkte zur V e r b e s s e r u n g d e r L e i s t u n g s f ä h i g k e i t und der w i r t s c h a f t l i c h e n G ü t e von Motoren und Wagen.

5. Die W e r t u n g der Kraftwagen kann bloße Annahmen oder unsichere Rechnungen ganz ausschließen, mit einziger Ausnahme der Berechnung des Luftwiderstandes während der Fahrt.

Die berechneten Luftwiderstände zeigen jedoch gegenüber den Ergebnissen von Probe- und Rennfahrten innerhalb der wirtschaftlichen Geschwindigkeiten keine nennenswerten Unterschiede. Selbst bei mehr als 100 km Fahrgeschwindigkeit konnten bisher erhebliche Abweichungen zwischen Rechnung und Wirklichkeit nicht ermittelt werden.

Zu Einzelfragen lassen sich hier schon folgende Schlußfolgerungen von allgemeiner Bedeutung aussprechen:

Geringe Triebwerksverluste.

Von den Triebwerksverlusten wird meist angenommen, daß sie bei Kraftwagen 40 % der Motorleistung verzehren, sodaß also nur 60 % als Nutzarbeit für den Kraftwagen übrig bleiben. Diese weitverbreitete Annahme ist, wie alle Versuche an guten Wagen zeigen, falsch.

Die Triebwerksverluste ergeben sich durch die Messung bei guten Wagen übereinstimmend als sehr gering.

Die landläufige Annahme eines großen Triebwerkverlustes, die schließlich nicht ohne allen Grund entstanden sein kann, hat ihren Ursprung wahrscheinlich in Bremsversuchen, bei denen der Gesamtwiderstand gemessen und nachher willkürlich als Getriebewiderstand gedeutet wurde. Eine Wertung der Teilverluste ist auf Grund gewöhnlicher Bremsversuche, wie sie bisher bei Kraftwagen allein vorgenommen wurden, allerdings unmöglich.

Diese Annahme großer Triebwerksverluste kehrt in vielen Äußerungen über die Energieverteilung in Kraftwagen wieder; sie hat selbst in die ernst zu nehmende technische Literatur Eingang gefunden und hindert richtige Wertung des Ganzen wie der Teile.

Aus überlieferten „Koeffizienten" und unrichtigen Annahmen über den Rollwiderstand ergeben sich auch unrichtige Unterlagen für Vorausbestimmungen, wofür im Bericht I (Seite 14) ein Beispiel gegeben ist. Die Berechnungen stehen im Widerspruch mit den auf dem Prüfstande am Wagen gemessenen tatsächlichen Verhältnissen und ebenso mit den Ergebnissen der praktischen Wagenfahrt.

Richtige, brauchbare Werte und Koeffizienten für die Vorausberechnung der Einzel- und Gesamtleistungen können nur aus gründlichen Prüfstandsversuchen abgeleitet werden.

Die tatsächlich gemessenen Triebwerksverluste sind z. B. selbst bei Gebrauchswagen sehr gering, trotz der immerhin großen Umständlichkeit der Leistungsübertragung in Kraftwagen.

Beim 30 PS-Touren-Wagen (Bericht II S. 6 u. f.) beträgt der gesamte Triebwerksverlust bei direktem Schaltgang 2,9 % der ursprünglichen Energie, bezw. 12,7 % der Motor-Nutzleistung.

Sogar bei Rennwagen beträgt der Triebwerksverlust bei direktem Schaltgang nur 16,8 % der Motorleistung (Bericht III), bezw. 16 % (Bericht IV), trotz der sehr hohen Betriebsgeschwindigkeiten, mit welchen die Widerstände in sehr ungünstiger Progression wachsen.

Die großen Verluste bei Kraftwagen, die willkürlich und irrtümlich als Triebwerksverluste gedeutet werden, liegen an ganz anderer Stelle, und zwar die größten außerhalb des Triebwerks, nämlich:

in der Bereifung, insbesondere bei hohen Fahrgeschwindigkeiten und Leistungen (Bericht II—IV), und

in den thermischen Verlusten des Motors (Bericht II S. 7).

Die Verbesserungsbestrebungen gehen aber seit nunmehr fast einem Jahrzehnt den umgekehrten Weg, als er hierdurch gewiesen wird.

Zur Minderung der Verluste und der Kosten durch die Bereifung sind kaum noch ernst zu nehmende Versuche gemacht worden. So der aussichtslose, nur von Unerfahrenen angestrebte unmittelbare Ersatz der Gummireifen durch besondere Konstruktionen an den Rädern oder der Federung, durch Künsteleien, die dynamisch die hohen Beanspruchungen nicht aufnehmen können, weil sie der grundlegenden Forderung des Kraftwagenbetriebs bei hoher Geschwindigkeit widersprechen: Stöße, von den Fahrhindernissen herrührend, an der Stoßstelle selbst, am Radumfange, aufzunehmen und umzuformen.

Zur Erhöhung der thermischen Ausnutzung ist bisher auch nicht viel geschehen. Die Bestrebungen, von ausländischen Brennstoffen unabhängig zu werden, haben sich fast nur auf die Ausbildung der Vergaser zur beliebigen Verwendung für Benzin- oder Benzolbetrieb beschränkt.

Im Gegensatz hierzu vergeht kein Jahr, in dem nicht zahlreiche Fabriken Änderungen des Triebwerks vornehmen, die oft in übertriebener Weise als großer Fortschritt angepriesen werden, auch wenn der wirkliche Zweck nur Ersparnis in der Fabrikation oder Geräuschverminderung ist. Abgesehen von notwendigen Änderungen in der Geschwindigkeitsübersetzung, entsprechend den wechselnden Betriebsanforderungen, können solche Getriebeänderungen weder technisch noch wirtschaftlich Hervorragendes bringen.

Aus den nachgewiesenen sehr geringen Triebwerksverlusten ergibt sich die völlige Zwecklosigkeit vieler Bestrebungen, das Triebwerk zu verbessern, so u. a. der Versuch, genau ausgeführte Stirn- und Kegelrädertriebe durch andere Getriebe zu ersetzen, Schraubenräder, Globoidräder usw. einzuführen, Bestrebungen, die meist unter der für Laien sehr wirksamen Flagge der „Geräuschlosigkeit" des Wagens segeln.

Ein Beispiel solcher Neuerungsbestrebungen an technisch und wirtschaftlich wenig bedeutender Stelle sind auch die schon in der ersten Entwicklung der Kraftwagen aufgetauchten und jetzt noch immer wiederkehrenden Bemühungen, die Räderübersetzung der Kraftwagen durch e l e k t r i s c h e oder h y d r a u l i s c h e Ü b e r s e t z u n g e n zu ersetzen, immer mit der Verheißung, endlich den Kraftwagen von seinen „unvollkommnen" Zahnradgetrieben und Schaltungen zu befreien, während gerade diese im Betriebe, wie nachgewiesen, nur geringe Verluste und recht wenig Störungen verursachen.

In neuerer Zeit hat sich sogar eine große deutsche Bank der Ausbeutung einer solchen „epochemachenden" Neuerung gewidmet, die das Zahnradgetriebe durch hydraulische Übersetzung beseitigen will, wobei das hydraulische Getriebe durch umlaufende Pumpen Energie empfängt und an die Wagenräder abgibt. Diese Pumpenart hat im vielgestaltigen allgemeinen Maschinenbau bisher die geringste Anwendung gefunden, weil sie die größten Ausführungs- und Betriebsschwierigkeiten bereitet. Erst die Entwicklung der Schleuderpumpen im großen hat ihr für bestimmte Fälle ein aussichtsreiches Arbeitsgebiet erschlossen. Die Bestrebungen, damit ein neues Kraftwagengetriebe zu schaffen, werden nur dazu führen, daß von neuem mit vielem Lehrgeld Erfahrungen gesammelt werden, die der allgemeine Maschinenbau bei seinen hydraulischen Kraftübertragungen längst schon erworben hat.

Überschußleistung und Beschleunigungsvermögen.

Die Versuche an Rennwagen zeigen, daß durch weitgehende Verminderung der Eigenwiderstände des Motors und Wagens große Überschußleistung und im Zusammenhange damit großes Beschleunigungsoder Steigungsvermögen erreicht werden kann.

Rasches Anfahren und die Möglichkeit rascher Geschwindigkeitssteigerung sind im praktischen Fahrbetriebe sehr wesentlich, und zwar bei jeder Art von Kraftwagen, insbesondere auch im Verkehrsgedränge der Großstadt. Großes Beschleunigungsvermögen ist viel wichtiger als große Höchstgeschwindigkeiten, von denen im gewöhnlichen Fahrbetriebe selbst auf guten Straßen und bei ungehinderter Fahrt doch nur selten oder nie und höchstens in gemeinschädlicher Weise Gebrauch gemacht werden kann. Voraussetzung für diese wichtige Wageneigenschaft ist große Überschußleistung bei möglichst geringer Wagenmasse und möglichst kleiner Luftdruckfläche des Wagens. Dann kann der Hauptübelstand der meisten Tourenwagen vermieden werden: zuviel Totgewicht und daher zu geringe Überschußleistung.

Der Vergleich der Überschußleistungen und des Beschleunigungsvermögens von Renn- und Gebrauchswagen zeigt, daß wesentliche Verbesserung dieser Werte bei letzteren erreichbar ist. Gerade in dieser Hinsicht müssen die an Spezialwagen gewonnenen Erfahrungen für Gebrauchswagen sinngemäß verwertet werden. Es handelt sich dabei um Wertunterschiede bis zu mehreren hundert Prozent.

Von großem Einfluß ist die Verringerung der Luftdruckflächen. In dieser Hinsicht sind ohne Gefährdung des Gebrauchszwecks der meisten Wagen Verbesserungen möglich.

Würde z. B. der B e n z - Wagen (Bericht III, Fahrdiagramm Bild 40) mit einer Karosserie wie der R e n a u l t - Wagen (Bericht II) ausgerüstet sein, dann würde sich die erreichbare Höchstgeschwindigkeit von 135 km auf etwa 110 km in der Stunde verringern und gleichzeitig die erreichbare Überschußleistung und das Beschleunigungsvermögen um ungefähr 30 % abnehmen. Anstatt 9,4 % Höchststeigung könnte nur eine Dauersteigung von maximal 6 % überwunden werden.

Schnelläufer.

Aus der vollständigen Untersuchung von Rennwagen können allgemeine Schlußfolgerungen gezogen werden hinsichtlich der Erhöhung der Umdrehungszahl der Motoren und des Wertes der sogenannten Schnelläufer.

Die Wertzahlen für den Benz- und für den Adler-Rennwagen (Berichte III u. IV) zeigen auffällig die Charakteristik solcher Schnelläufer mit ihren sehr hohen spezifischen Motorleistungen.

Die vielverbreitete Ansicht, Schnelläufer brächten keine wesentliche spezifische Leistungsverbesserung, weil bei hoher Umdrehungszahl ein hoher Eigenverlust unvermeidlich sei, ist schon durch diese Ergebnisse widerlegt. Schnelläufer standen lange Zeit in üblem Ruf, und viele Vorurteile gegen sie herrschen noch hinsichtlich ihrer Verwendung bei Groß- und Luxuswagen. In Wirklichkeit bilden die Schnelläufer den wesentlichsten Fortschritt im Motor- und Kraftwagenbau. Sie bringen sehr bedeutende Vorteile, die im modernen Kraftwagenbau ausgenutzt werden müssen. Es ist nur nicht jede Fabrik imstande, sie auch für Dauerbetrieb richtig auszubilden. Es ist daher zweckmäßig, allgemein festzustellen, wie die Sache liegt.

Die erste erfolgreiche Einführung von Schnelläufern fällt zusammen mit der ersten Entwicklung der Kraftwagen. Schon anfangs der 80er Jahre wurde die Drehzahl der Kraftwagenmotoren von minutlich 150—200 Umdrehungen, wie sie von den Dampfmaschinen her überliefert war, auf 400—500 erhöht und noch im selben Jahrzehnt eine Motordrehzahl von 800—1000 minutlich erreicht.

Dieses Vorbild wurde dann von Unberufenen nachgeahmt, und dadurch entstanden minderwertige, kleine, luftgekühlte Schnelläufer, deren Überreste sich an den billigen Motorfahrrädern und minderwertigen Klein-

wagen bis jetzt erhalten haben. Diese schlechten Ausführungen haben
den Erfolg der Kraftwagen verzögert. Der Rückgang auf mäßige Umlauf-
geschwindigkeiten, 1000—1200 Umdrehungen minutlich, der zusammen
mit dem direkten Eingriff auf den Hinterradantrieb insbesondere von
R e n a u l t durchgeführt wurde, war unter diesen Umständen ein Fortschritt in der Richtung der Betriebssicherheit.

Bei diesen mäßigen Motorgeschwindigkeiten sind dann die Kraftwagen,
auch der sogenannten „führenden" Fabriken, fast ein Jahrzehnt lang
stehen geblieben. Dann erst kam der Umschwung zugunsten der Schnell-
läufer, gleichzeitig durch drei Bedürfnisse, bezw. Forderungen veranlaßt:

aus den R e n n v o r s c h r i f t e n Nutzen zu ziehen, da diese nur auf
Grund von Maschinenabmessungen klassifizierten,
betriebssichere K l e i n w a g e n zu schaffen und
durch die A u t o m o b i l s t e u e r den Kraftwagenbetrieb so wenig
als möglich zu belasten.

Die beiden letzten Forderungen sind Lebensfragen.

Alle diese Faktoren mußten auf die Ausbildung der Schnelläufer hin-
wirken und das Ziel setzen, durch erhöhte Umlaufzahl der Motoren höhere
Leistung bei geringerem Motor- und Wagengewicht zu ermöglichen.

Die kostspieligen Rennen der 90er Jahre ergaben reiche, rasch an-
wachsende Erfahrungen über Materialausnutzung und -beanspruchung. Davon hatten die Rennmotoren großen Nutzen, die Gebrauchsmotoren und
die gewöhnlichen Wagen aber nur zum Teil Gewinn. Wohl wurden die
Triebwerksmassen auch bei ihnen vermindert und die mechanische Güte
der Motoren durch bessere Ausführung erhöht, aber die Leistungserhöhung
durch Steigerung der Drehzahl wurde vernachlässigt. Die Bestrebungen
in dieser Richtung blieben auch deshalb erfolglos, weil die Einzelheiten,
insbesondere die Steuerungen, für die dynamischen Wirkungen der Schnell-
läufer nicht richtig ausgebildet wurden.

Die großen Rennen sind inzwischen eingegangen und durch die
klassifizierenden Rennen ersetzt, wobei die Wagen nach dem Zylinder-
volumen der Motoren gewertet werden. Dies mußte zur rascheren Ausbildung der Schnelläufer führen.

Bei den Rennen des letzten Jahrzehnts sind Schnelläufer vollständig zur Geltung gekommen. Die Daimler-, Benz- und Adlerwerke sind hierbei bahnbrechend vorangegangen.

Inzwischen war das Bedürfnis nach Kleinwagen erwachsen. Ihm wurde anfangs nur durch ganz unzureichende Kleinwagen-Krüppel entsprochen, bei denen, um auf niedrige Herstellungskosten zu kommen, an Notwendigem gespart wurde. Wesentliche Teile wurden weggelassen oder unzulässig verkleinert oder verschlechtert und insbesondere an Material- kosten und an genauer Bearbeitung gespart. Mit so unzulänglichen Mitteln konnte ein Erfolg nicht erzielt werden. Es gibt für die richtige Entwick- lung des Kleinwagens nur einen Weg: Verwendung zuverlässiger Schnell- läufer und, daraus folgend, Verminderung der Abmessungen und Kosten des Triebwerks. Die Adlerwerke sind auf diesem Wege wieder bahnbrechend und sehr erfolgreich vorgegangen.

Der betriebssichere Kleinwagen ist seither geschäftlich wichtiger als der Großwagen geworden, und die Unterschiede zwischen beiden sind eigent- lich verschwunden. Denn auch Luxus-Stadtwagen werden immermehr für kleine Leistung gebaut und mit Schnelläufern von nur 15—20 PS aus- gestattet, was für Stadt- und mäßigen Fernbetrieb völlig ausreicht. Der Unterschied gegenüber dem sogenannten Kleinwagen liegt dann nur noch in der Ausstattung. Der zweckmäßige Kleinwagen, d. i. der von Überflüssigem befreite Großwagen, ist nur durch Verwendung der Schnelläufer und weitgehende Ausnutzung ihrer Vorteile lebensfähig geworden.

Ebenso zwingend war der Einfluß der Automobilbesteue- rung. Die Steuer kann nur auf Grund leicht nachmeßbarer Abmessungen des Motors bestimmt werden. Jede andere Bewertungsart würde auf unüberwindliche Schwierigkeiten, auf genaue Leistungsmessungen für jeden Fall oder auf andere Unmöglichkeiten führen. Deshalb wird die Steuer in allen Ländern nach Motorabmessungen ohne Rücksicht auf die Drehzahl berechnet. Aus ähnlichen Gründen sind auch die Rennleitun- gen, gegenüber einer viel einfacheren Aufgabe, dazu gezwungen, dieselbe

Grundlage für die Wagenbewertung anzunehmen und auf die Feststellung der wirklichen Leistung bei bestimmter Geschwindigkeit grundsätzlich zu verzichten.

Somit mußte es Lebensfrage für den Kraftwagen werden, bei geringster Steuerleistung größte Nutzleistung zu erzielen. Der einzige gangbare Weg hierzu war wieder die Erhöhung der Umlaufzahl, die denn auch vom Automobilbau inzwischen fast vollständig durchgeführt wurde.

Die jetzigen guten Automobil-Schnelläufer, die normal mit 1600—1800 Umdrehungen minutlich laufen und zeitweise Steigerung auf 2100 Umdrehungen zulassen, sind der Erfolg dieser Bestrebungen, der Erfolg einer äußerst gründlichen maschinentechnischen Detailarbeit, die alle Erfahrungen des allgemeinen Maschinenbaus auszunutzen weiß.

Daß die Motorleistung bei richtiger Bemessung der Steuerung und aller Teile mit der Drehzahlsteigerung fast proportional wächst, zeigen die Nutzleistungskurven der untersuchten B e n z - und A d l e r - Rennmotoren. Die Eigenverluste wachsen selbst bei hohen Motordrehzahlen nur allmählich. Die landläufige Ansicht: Schnelläufer bringen mit der Geschwindigkeitssteigerung nur hohe Eigenverluste und wenig Gewinn, ist damit widerlegt.

Die Vorteile der Schnelläufer sind für den Kraftwagenbau sehr bedeutend. Das Eigengewicht von Motor und Wagen kann wesentlich vermindert werden. Damit wächst das Beschleunigungsvermögen des Wagens und der mit jedem Schaltgang beherrschbare Fahrbereich. Wegen der Geschwindigkeitserhöhung arbeiten geringere Umfangskräfte, und alle Triebwerksteile, Kupplung, Wechselgetriebe, Gelenkwelle, Räder usw. zwischen Motor und Hinterachse können bei gleichbleibender Motorleistung in den Abmessungen und Gewichten vermindert werden.

Infolge dieser wesentlichen Vorteile entsprechen die Schnelläufer allein allen Anforderungen, die heute an die Kraftwagen-Motoren gestellt werden, und demgegenüber müssen alle Motoren mit mäßiger Umlaufgeschwindigkeit für Kraftwagen gegenwärtig als veraltet angesehen werden.

Große Rollverluste der Gummireifen.

Auffällig sind die Ergebnisse der Messungen der R o l l v e r l u s t e an den Kraftwagenrädern mit G u m m i b e r e i f u n g. Diese Ergebnisse stehen ohne Ausnahme in vollem Widerspruch mit überlieferten Anschauungen, die sich somit als haltlos erweisen.

Gewöhnlich wird im Sinne der wissenschaftlichen Mechanik und ihrer Definition des Rollwiderstandes angenommen, der Rollverlust sei nur abhängig von der R a d b e l a s t u n g und der R a d g r ö ß e, wobei Proportionalität vorausgesetzt wird: proportionales Anwachsen mit der Belastung und Abnehmen mit der Radgröße, während der Einfluß der Rollbahn durch einen „Koeffizienten der rollenden Reibung" berücksichtigt wird. Der Rollwiderstand wird dabei gleichfalls im Sinne der Mechanik als Widerstand durch Eindrückung der Lauffläche, im Zusammenhange mit dem hierbei wirksamen Hebelarm, erklärt. Die wissenschaftlichen Versuche zeigen aber, daß diese Annahmen nur Gültigkeit haben für das Abrollen h a r t e r Laufflächen auf h a r t e r R o l l b a h n, nicht aber für w e i c h e B e r e i f u n g, die auf der Fahrbahn der S t r a ß e abrollt.

Die Versuche zeigen, daß die grundlegende Auffassung des Rollwiderstandes eine ganz unzureichende ist, und daß die gemessenen großen tatsächlichen Rollverluste an Kraftwagen mit Gummibereifung durch die herrschende wissenschaftliche Auffassung nicht erklärt werden können.

Mit dieser Auffassung stehen folgende durch die Laboratoriumsmessungen begründete Tatsachen in Widerspruch:

Der Rollwiderstand bei Kraftwagen ist von der Fahrbahn, durchschnittlich guten Zustand vorausgesetzt, nicht entscheidend abhängig. Damit steht die Erfahrung des Fahrpraktikers, der auf schlechter Fahrbahn langsam zu fahren gezwungen ist, nicht in Widerspruch, denn der Fahrer wird nicht durch den anwachsenden Rollwiderstand zur Geschwindigkeitsverminderung gezwungen, sondern durch die Nebenwirkungen, indem die Unebenheiten der Fahrbahn auch bei geringem eigentlichen Rollwiderstande Schwingungen im Wagen verursachen, die für den Wagen oder den Fahrer gefährlich oder wenigstens unerträglich werden können.

Nicht die Größe des Rollwiderstandes, abhängig von der Fahrbahn, ist daher das Entscheidende, sondern die dynamischen Nebenwirkungen. Diese brauchen nicht immer von Stoßwirkungen oder sichtbaren großen Fahrhindernissen herzurühren. Geringe, wenig sichtbare wellige Unebenheiten, die den Rollwiderstand wenig erhöhen, genügen schon, um auf die Fahrgeschwindigkeit einzuwirken. Diese Nebenwirkungen sind aber nicht maßgebend für die Beurteilung des Rollwiderstandes.

Die Versuche zeigen weiter übereinstimmend, daß der Rollverlust nicht von der Radbelastung entscheidend abhängt, auch nicht von der Radgröße. Hingegen ergeben die Messungen bei annähernd gleicher Belastung der Vorder- und Hinterräder an den H i n t e r rädern stets einen Rollwiderstand, der ein V i e l f a c h e s des Verlustes an den Vorderrädern ist.

Daraus ist zu folgern:

Entscheidend ist die L e i s t u n g s ü b e r t r a g u n g am Umfange der Räder im Zusammenhange mit der Fahrgeschwindigkeit. Von dieser Leistungsübertragung hängt der Rollverlust in erster Linie ab, dann erst und in wesentlich geringerem Maße von der Radgröße und Radbelastung.

Die Ursache dieses Verlustes muß in der größeren D e f o r m a t i o n s a r b e i t a m w e i c h e n Radumfange der Gummibereifung gesucht werden, im Gegensatz zu der geringen Formänderung an harten Rollflächen. Maßgebend ist daher diese Formveränderung und die starke t a n g e n t i a l e B e a n s p r u c h u n g der Reifen der a n g e t r i e b e n e n Räder.

Bei den Versuchen, insbesondere an Rennwagen, ist der gemessene Rollverlust an den Hinterrädern w e g e n d i e s e r L e i s t u n g s ü b e r t r a g u n g b i s 8 m a l s o g r o ß als an den ungefähr gleich stark belasteten Vorderrädern.

Somit ergibt sich die Notwendigkeit, eine n e u e G r u n d l a g e nicht nur für die Wertung, sondern schon für die Erklärung des Zusammenhangs von Ursache und Wirkung zu schaffen.

Der Rollverlust der Räder von Kraftwagen mit Gummibereifung kann nicht im Sinne des Rollverlustes harter Räder und nicht im bisherigen

Sinne der wissenschaftlichen Mechanik erklärt werden. Die Grundlage muß geändert, bezw. erweitert werden.

Die Mechanik, die höchststehende und zugleich sicherste aller exakten Wissenschaften, ist gleichwohl an Annahmen gebunden, die im Sinne aller Naturwissenschaften nur als Hypothesen anzusehen sind und ohne Gefährdung der Wissenschaft durch bessere ersetzt werden können, wenn durch Versuche richtigere Einsicht gewonnen wird. Die Hypothesen der Mechanik haben erst allgemeine Gültigkeit und werden zu Gesetzen, wenn sie durch w i s s e n s c h a f t l i c h e V e r s u c h e als richtig und genügend umfassend nachgewiesen werden. Das ist auf allen Gebieten der Mechanik noch nicht gelungen, daher vorläufig Hypothesen zur annähernden Aufklärung aushelfen müssen.

Hier liegt dieser Fall vor. Die bisherigen Annahmen der Mechanik über Entstehung und Größe des Rollwiderstandes sind auf die Kraftwagenbereifung nicht anwendbar.

Außer Radbelastung und Radgröße müssen die viel entscheidenderen Faktoren: R o l l g e s c h w i n d i g k e i t und zu übertragende U m f a n g s - k r a f t berücksichtigt werden.

Da die Rollverluste bei Kraftwagen einen sehr großen Teil der verfügbaren Motor-Nutzleistung aufzehren, ist eine vollständige Klärung der Fragen von großer Wichtigkeit. Fortschrittsmöglichkeiten können erst auf Grund vollständiger Einsicht beurteilt werden. Die Lösung dieser Aufgabe kann aber nur durch planmäßige, umfassende Versuche erreicht werden , für welche die Mittel eines Hochschullaboratoriums ganz unzureichend sind und die Mitwirkung der Interessenten notwendig wäre. Diese wäre vielleicht auch zu erlangen, aber als Haupthindernis stellt sich entgegen, daß die Interessenten sich in solchen Fällen die ausschließliche Ausbeutung der mit ihrer Hilfe erlangten Einsicht vorbehalten. Darauf kann ein staatliches Laboratorium, das für die wissenschaftliche Forschung bestimmt ist, nicht eingehen.

Ein geringer Bruchteil der Kosten der in höchster Blüte stehenden Pneumatik- und Automobilreklame oder ein geringer Teil der Summen, welche Automobilklubs und auch Städte für Rennveranstaltungen verausgaben, würde zur gründlichen Untersuchung dieser wichtigen Frage ausreichen.

Die Bereifungsfrage ist leider noch immer eine der wichtigsten Lebensfragen des Automobilismus, und gerade sie ist bisher wissenschaftlich am wenigsten behandelt worden. Eine Reihe von Einzelfragen auf diesem Gebiete bedarf noch der Klärung.

Auf Grund der Versuchsergebnisse sei hier vorläufig nur erwähnt, daß vielfach Angaben über die Größe der R o l l w i d e r s t ä n d e und über die H a l t b a r k e i t und L e b e n s d a u e r der Reifen verbreitet werden, die unzutreffend und unzuverlässig sind, weil sie ohne Rücksicht auf Leistungsübertragung, Laufgeschwindigkeit und Erhitzung gemacht werden, in Durchschnittswerten, die bei starken Beanspruchungen auch nicht annähernd erreicht werden können.

Auch die Angabe des Grenzdruckes, bis zu welchem die Reifen nach Vorschrift der Gummifabriken aufgepumpt werden sollen, entspricht nicht immer der größeren Haltbarkeit.

Über diese Einzelheiten sollen später Veröffentlichungen folgen, auf Grund eines reichen, vielseitigen wissenschaftlichen Versuchsmaterials, das aus Laboratoriums- und Fahrversuchen zu gewinnen ist.

Untersuchung von Rennwagen.

Für die Beurteilung der V e r b e s s e r u n g s m ö g l i c h k e i t e n an Kraftwagen sind die G r e n z w e r t e von besonderem Interesse, die bei der Prüfung von großen R e n n w a g e n, also einseitig hochentwickelten Kraftwagen, gewonnen werden. Deshalb wurde die schwierige Prüfung solcher Wagen schon jetzt durchgeführt.

Den Berichten III und IV über die Untersuchung des 100 PS-B e n z - Rennwagens und des 75 PS - A d l e r - Rennwagens, die nur die gewonnenen Tatsachen enthalten, sind noch Erklärungen des Untersuchungsverfahrens hinzuzufügen, da die Rennwagenprüfung notwendig von der Prüfung der Gebrauchswagen abweichen muß. Die besonderen Eigenschaften der Rennwagen bedingen auch eine besondere Art der Prüfung.

Die vollständige Untersuchung von R e n n w a g e n auf Laboratoriums-Prüfständen ist eine schwierige Aufgabe. Mängel und Schwächen des Prüfstandes müssen sich bei den hohen Leistungen sofort und auffällig zeigen. Auch aus diesem Grunde sind vollständige Rennwagen-Untersuchungen im Laboratorium der Hochschule so frühzeitig, als es möglich war, durchgeführt worden.

Bei diesen Untersuchungen von Rennwagen haben sich jedoch weder am P r ü f s t a n d e noch im P r ü f v e r f a h r e n Mängel herausgestellt. Der Prüfstand hat bei F a h r g e s c h w i n d i g k e i t e n b i s 1 5 0 k m stündlich, entsprechend minutlich 500 Umdrehungen der Prüfstandtrommeln, und bei M o t o r l e i s t u n g e n ü b e r 100 N u t z p f e r d e k r ä f t e vollständig entsprochen, sowohl im ganzen wie in allen Teilen.

Weitere Veranlassung zur sofortigen Vornahme von Rennwagen-Untersuchungen im Laboratorium war die Erwägung, daß das Ziel aller wissenschaftlichen Kraftwagen-Untersuchungen die W e r t u n g der Kraftwagen sein muß. Auch alle Schlußfolgerungen aus den Ergebnissen der Untersuchungen müssen diesem Ziele zusteuern. Auf diesem bisher unbearbeiteten Gebiete gibt es brauchbare V e r g l e i c h s m a ß s t ä b e bis jetzt nur für Einzelteile. Für das Ganze, für alles Wesentliche der Wagenleistungen müssen vergleichsfähige Wertzahlen erst gesucht, bezw. die im Kraftmaschinenbau üblichen erst sinngemäß erweitert werden.

In solchem Falle, auf einem zunächst unbekannten Gebiete, ist es wissenschaftlich stets das zweckmäßigste, von Anfang an mit den Untersuchungen bis an die G r e n z e n d e r m ö g l i c h e n L e i s t u n g zu gehen, um für die Wertzahlen G r e n z w e r t e des überhaupt Erreichbaren zu erlangen. Dies ist stets ein richtiger Weg zum Ziele, aber die Untersuchungen werden dadurch notwendigerweise sehr schwierig. Rennwagen sind gerade infolge ihrer einseitigen, nur auf Geschwindigkeitssteigerung berechneten Entwicklung für solche Gewinnung von Grenzwerten hervorragend geeignet.

Die Ergebnisse haben diese Erwägungen bestätigt und charakteristische Wertzahlen geliefert, die allerdings keinen unmittelbaren Wertmaßstab für Gebrauchswagen geben können, wohl aber einen guten Vergleich ermöglichen, indem sie die Grenzen des erreichbaren Fortschrittes klar kennzeichnen.

Bei Rennwagen tritt der wirtschaftliche Wert der Konstruktion ganz in den Hintergrund. Für sie ist die wesentliche Aufgabe vielmehr: höchste spezifische Motorleistung, geringstes Gewicht und höchste Fahrgeschwindigkeit zu erzielen.

Dies ist nur auf K o s t e n a n d e r e r E i g e n s c h a f t e n des Motors und des Wagens möglich. So ist es allgemein, wenn an eine Konstruktion Anforderungen verschiedener Art gestellt werden. Nur dann, wenn von einer Maschine eine einzige stets gleich bleibende Funktion verlangt wird, ist ihre höchste Verfeinerung ungehindert möglich. Das beruht auf einem allgemeinen Gesetz, das auch für die belebte Natur Geltung hat. Auch jede Tier- oder Pflanzenentwicklung, die bestimmte Eigenschaften heben will, kann dies nur auf Kosten anderer Eigenschaften erreichen.

Für Kraftwagen sind, wenn sie nicht einseitig nur Rennzwecken dienen, z a h l r e i c h e E i g e n s c h a f t e n m a ß g e b e n d. Die W e r - t u n g der Leistungen und der Verluste von Rennwagen kann sinngemäß nicht die Feststellung der Verbesserungsmöglichkeit von R e n n w a g e n bezwecken. Jeder Rennwagen kann nur für das jeweilige Rennen und den jeweiligen Rennvorschriften entsprechend richtig gebaut werden. Daher es auch keinen Normaltyp von Rennwagen geben kann. Die Versuchsergebnisse als G r e n z w e r t e sollen hingegen dazu dienen, Schlußfolgerungen über die V e r b e s s e r u n g s m ö g l i c h k e i t e n für G e b r a u c h s wagen zu ziehen.

Die U n t e r s u c h u n g v o n R e n n w a g e n ist im ganzen und in allen Einzelheiten außerordentlich erschwert:

durch die besondere Bauart der Rennwagen, die nur auf den Rennzweck zugeschnitten ist, insbesondere durch die äußerst geringen Triebwerksabmessungen. Diese zwingen dazu, die Dauer jedes einzelnen Versuchs auf die für eine zuverlässige Messung erforderliche geringste Zeit zu beschränken. Hierdurch wird aber die Möglichkeit von Fehlmessungen und damit die Zahl der zu wiederholenden Messungen erhöht.

Die Untersuchung auf dem Prüfstande muß dem Rennwagen weitaus höhere Dauerbeanspruchungen zumuten, a l s d e r W a g e n b e i m R e n n e n e r f ä h r t, insbesondere bei allen Messungen unter Volleistung. Seitdem große Dauerrennen, wie früher die großen Rennen in Frankreich und im Taunus, nicht mehr stattfinden, sondern nur noch ganz kurze Rennen in gewöhnliche Fahrten eingeschaltet werden, seitdem haben die Rennwagen ihre Bauart ändern müssen; sie sind nur noch auf kurze Rennzeit berechnet, und viele würden Dauerbeanspruchungen unter Volleistung überhaupt nicht vertragen.

Rennfahrer würden es kaum wagen, Motor und Wagen gleich lange wie auf dem Prüfstande ununterbrochen mit der h ö c h s t e n L e i s t u n g laufen zu lassen. Die Gefahren wären zu groß, während beim Prüfstande dafür gesorgt ist, daß auch bei Höchstleistungen eine plötzliche Störung, Platzen der Reifen usw. ohne gefährliche Folgen bleibt.

Auch die Radreifen haben bei den Laboratoriumsuntersuchungen wesentlich mehr auszuhalten, als während kurzer Rennen oder langer gewöhnlicher Fahrten. Bei der Dauerbeanspruchung auf dem Prüfstande gibt es daher trotz aller Kühlung unvermeidlich sehr starke Erhitzung und viele Reifenschäden, und die Kosten der Untersuchung werden sehr groß.

Bei dieser Sachlage ist es notwendig:

die Prüfung der Rennwagen genau den wirklichen Verhältnissen beim Rennen entsprechend, für die Höchstleistung und die Höchstgeschwindigkeiten durchzuführen.

Für alle Leistungen und Geschwindigkeiten hingegen, die dem Rennzweck nicht entsprechen, sind Versuche nicht erforderlich. Es ist deshalb bei den Versuchen so vorgegangen worden, daß der Vergaser vor j e d e r Messung auf die bei der jeweiligen Umdrehungszahl des Motors erreichbare Höchstleistung einreguliert wurde.

Die gemessenen Volleistungen wären daher in wirklichen Rennen nicht bei den gleichen, sondern nur bei höheren Geschwindigkeiten des Wagens erreichbar, weil es bei der Schwierigkeit der Regulierung im praktischen Betriebe dem Rennfahrer nicht zugemutet werden kann, den Vergaser für die jeweilige Motorgeschwindigkeit auf seine relative Höchstleistung einzustellen. (Beide zunächst untersuchten Rennwagen besitzen Vergaser mit zwangläufiger Zuführung von Zusatzluft.)

Motoren mit zwangläufiger Zusatzluft im Vergaser bedingen stets die Einführung einer richtig gestellten Volleistungskurve im erwähnten Sinne, da mit der wirklichen Leistungskurve, ohne die Einregulierung des Vergasers für die jeweilige Gangart des Motors, keine richtige Wertung von Motor und Wagen, kein richtiger Vergleich mit anderen Motoren möglich ist.

Die für die verschiedenen Geschwindigkeiten ermittelten Volleistungen stellen daher diejenigen Leistungswerte dar, welche sich bei konstant bleibender bester Gemischbildung ergeben.

Hierdurch wird der Maßstab zum Vergleich mit den Gebrauchswagen hergestellt: Beim Rennmotor wie beim Motor des Gebrauchswagens entsprechen alle Ergebnisse der Versuche der jeweiligen größten Volleistung bei den verschiedenen Motorgeschwindigkeiten.

Die Z ü n d v e r s t e l l u n g wurde aus den gleichen Gründen bei den Untersuchungen in der Weise vorgenommen, daß der für die jeweilige Motordrehzahl günstigste Zündzeitpunkt gewählt wurde.

In diesem Sinne sind die Meßergebnisse bei den Rennwagen tatsächlich H ö c h s t l e i s t u n g e n und ganz besonders geeignet zur Feststellung von G r e n z w e r t e n für das überhaupt E r r e i c h b a r e.

Wertung von Kraftwagen und Kraftmaschinen.

Die b i s h e r i g e W e r t u n g der Kraftwagen durch R e n n e n ist einseitig, und damit ist auch die — von der unvermeidlichen Rennreklame leider untrennbare — allgemeine W e r t u n g v o n K r a f t w a g e n i n d e r Ö f f e n t l i c h k e i t u n r i c h t i g : weil der moderne Rennwagen vom Normalgebrauchswagen der betreffenden Marke, für den das Rennergebnis in den Anpreisungen in Anspruch genommen wird, gänzlich verschieden ist, und weil e i n s e i t i g e G e s c h w i n d i g k e i t s w e r t u n g , die den entscheidenden Zweck des Rennens bildet, überhaupt nicht maßgebend ist für den W e r t des Wagens, ja nicht einmal für seine G e - b r a u c h s geschwindigkeit. Die sachunkundigen Käufer verwechseln jedoch Renn- und Gebrauchswerte vollständig.

Einseitige Geschwindigkeitswertung gibt keinen Maßstab für die Güte, weder der Bauart, noch der Ausführung des Gebrauchswagens. Außerdem ist die Geschwindigkeitswertung im Rennen völlig abhängig von Zufällen, deren Mitwertung dem Sport gemäß, aber sachlich unrichtig ist.

Früher haben die großen Rennen hohe Dauerleistungen verlangt. Damals war die Rennwertung von der Gebrauchswertung nicht so sehr verschieden wie jetzt. Die modernen Rennen, soweit sie überhaupt ernst zu nehmen sind, beschränken sich auf eine Höchstgeschwindigkeitsleistung von geringster Dauer; so werden z. B. in Dauerfahrten Rennen von wenigen Minuten eingeschaltet, oder es werden Rennen mit „fliegendem Start" abgehalten, bei denen manchmal kaum ein Kilometer durchfahren und die Zeit auf Hundertstel-Sekunden genau elektrisch gemessen wird.

Bei solchem Verfahren kann natürlich keine Wertung einer bestimmten Konstruktion, einer Marke erwartet werden, ja nicht einmal die Wertung des konkurrierenden Rennwagens, als Konstruktion betrachtet. Denn mit den Leistungen des Wagens werden unvermeidlich auch die Zufälle mit gewertet, während viel einflußreichere andere Faktoren ungewertet bleiben.

Zu den Zufälligkeiten sind zu rechnen: die Geschicklichkeit und das jeweilige Glück des Fahrers, das erfahrungsgemäß viel wichtiger ist als selbst die erprobteste Geschicklichkeit. Diese subjektiven Momente sind vom Sport untrennbar, für die Kennzeichnung des wirklichen Wertes einer Konstruktion aber ungeeignet. Auch bei den besten Leistungen der Fahrer kann nur von zufälligem Glück gesprochen werden, denn es muß unter Umständen die sachgemäße Behandlung erschweren, wenn nur das eine Ziel verfolgt wird, das Äußerste aus dem Wagen herauszuholen. Der Erfolg ist selbst von groben Zufälligkeiten untrennbar, trotz aller Geschicklichkeit und Erfahrung des Fahrers. Die Reifennot ist bei den modernen, sehr kurzen Rennen gemildert, und das Kurvenfahren fällt auf den ausgewählten kurzen Rennstrecken fast ganz weg. Somit wird für die herrschende Rennbewertung mit dem Ziel der einseitigen Geschwindigkeitssteigerung immermehr der Zufall und die Verwegenheit des Fahrers entscheidend. Solche Grundlage ergibt aber stets nur eine einseitige s u b j e k t i v e Wertung, die in offenem Widerspruch steht mit der Notwendigkeit o b j e k t i v e r W e r t u n g der Wagen und ihrer besonderen Bauart.

Dazu kommt, daß bei allen Rennen äußere Umstände und Zufälle aller Art, mit denen weder Wagen noch Fahrer zu tun haben, großen Einfluß gewinnen können, selbst der jeweilige Zustand der Atmosphäre.

Bei großen Rennen liegen die Startzeiten für die einzelnen Wagen weit auseinander. Es wäre Zufall, wenn trotzdem alle Wagen unter gleichen Verhältnissen zu fahren hätten. Die Regel wird sein, daß später fahrende Wagen unvermeidlich ganz andere Fahrverhältnisse vorfinden als die zuerst abgelassenen. Es ist bekannt, welch großen Einfluß kalte, trockene Luft auf den Verbrennungsvorgang im Motor und damit auf die Motorleistung hat. Die Unterschiede der Atmosphäre, die sich während der Startzeit von vielen Stunden geltend machen müssen, können aber nicht besonders gewertet werden.

Noch größer ist der zufällige Einfluß von M i t - oder G e g e n w i n d auf die H ö c h s t g e s c h w i n d i g k e i t, der bei der Rennbewertung außer

Betracht bleibt. Durch das Fahrdiagramm läßt er sich dagegen ohne weiteres ermitteln, indem die Windverlustkurve entsprechend dem vorhandenen, bezw. angenommenen oder gemessenen Mit- oder Gegenwind verschoben wird. Der im Diagramm dargestellte Windverlust wird eben entsprechend dem Mit- oder Gegenwind verspätet, bezw. verfrüht eintreten.

Beim B e n z - R e n n w a g e n beträgt z. B. die Höchstgeschwindigkeit

bei Mitwind von   5 m Geschwindigkeit/Sek. . . . .   144 km/St.,

hingegen

bei Gegenwind von 5 „   „   „   122   „

gegenüber 134 km/St. bei Windstille (Bericht III Bild 40).

Beim A d l e r - R e n n w a g e n beträgt die Höchstgeschwindigkeit:

bei Mitwind von   5 m Geschwindigkeit/Sek. . . . .   124 km/St.,

bei Gegenwind von 5 „   „   „   103   „

gegen 114 km/St. bei Windstille (Bericht IV Bild 75).

Also in beiden Fällen ergibt sich bei nur 5 m Mit- oder Gegenwindgeschwindigkeit ein durch die Rennvorschriften n i c h t g e w e r t e t e r Geschwindigkeitsunterschied v o n m e h r a l s 20 k m s t ü n d l i c h.

Gegenüber so großen Zufallsunterschieden haben die Feinmessungen bei Rennen wenig Wert. Alles bleibt doch Z u f a l l s w e r t u n g. Einzelne Faktoren werden mit größter Genauigkeit bestimmt, während offenkundige, nicht vermeidbare Einflüsse, die weder dem subjektiven Geschick des Fahrers, noch objektiv der Wagenkonstruktion zur Last fallen, ungewertet bleiben und notwendig das Ergebnis fälschen. So werden Wertzahlen gewonnen und mit riesiger Reklame der Welt verkündet, die mit Tausendstel-Sekunden rechnen, während sie in Wirklichkeit schon in den Einheiten und Zehnern falsch sein können. Mit der Wertung der Gebrauchswagen gleicher Marke hat solcher einseitig willkürliche Vorgang überhaupt nichts zu tun. Die Übertragung der Rennwertung auf Gebrauchswagen erfolgt dennoch, ist aber reine Willkür und nur Reklamesache gegenüber Unkundigen.

Angesichts dieses Widerspruchs: der Absicht einer zuverlässigen Wertung und der Unmöglichkeit, die Zufallswertung auszuschließen, sowie der Unmöglichkeit, alle Wageneigenschaften zu werten, wird bei den klassifizierenden Rennfahrten und auch bei den Touren-Wettfahrten der neueren Zeit zum „Punktsystem" gegriffen, einem mit vieler Mühe ausgeklügelten Bewertungssystem, das zwar das ernste Bestreben verfolgt, mehrere Wageneigenschaften und gleichzeitig das Verhalten des Fahrers zu werten, dabei aber von durchaus willkürlichen Annahmen nicht loskommen kann, weil hier eine Aufgabe vorliegt, die eben nicht durch Schätzung und Vergleichung, sondern nur durch wissenschaftliche Messung lösbar ist.

Daß bei Sportveranstaltungen großer Wert auf die Anerkennung der sportlichen Leistung, auf die subjektive Wertung, auf die Tüchtigkeit des Fahrers, die aber leider auch nicht vom zufälligen Glück zu trennen ist, gelegt wird, ist ganz natürlich. Derartige Bewertungssysteme können aber nicht als geeignete Mittel für eine sachliche Wertung der Fahrzeuge und ihrer Leistungen angesehen werden.

Wie sehr diese Wertungsverfahren irreführend und damit schädlich sind, haben insbesondere die Ergebnisse der großen deutschen Rennen gezeigt: Beim Taunus-Rennen hat ein französischer Wagen gesiegt, der keineswegs zu den besten französischen gehört, dann ein italienischer Wagen, der eine Nachahmung einer deutschen Marke ist, ohne diese zu erreichen; und bei den letzten Rennen bei Genthin und Colmar siegten österreichische Wagen, die als Kettenwagen für Gebrauchszwecke einen Rückschritt bedeuten. Der deutschen Industrie hat die Teilnahme an diesen für sie ungünstig verlaufenen Rennen Millionen gekostet, und die Siege der ausländischen Marken haben ihr wohl noch größeren Schaden gebracht. Der Fortschritt hat sich aber nicht an diese Rennen geknüpft, sondern an die unerläßliche sorgfältige Detailarbeit, und diese hat inzwischen die deutsche Automobilindustrie zu einer führenden gemacht, nicht die Rennen.

Ein geeigneter Weg zur richtigen Wertung und zugleich auch ein sicherer Weg zur Beurteilung der Entwicklungsmöglichkeiten ist nur die vollständige wissenschaftliche Untersuchung der Kraftwagen und die Vergleichung der durch die Untersuchung gewonnenen Einzel- und Gesamtergebnisse. Dieser Weg ist viel sicherer als die von willkürlichen Annahmen untrennbare und zudem so außerordentlich kostspielige Rennwertung.

Die auf Grund von Wertzahlen vergleichbaren Versuchsergebnisse lassen alle wesentlichen Vorzüge und Schwächen einer Bauart oder

Ausführung hinsichtlich der Leistungen und des wirklichen technischen wie wirtschaftlichen Wertes erkennen. In dieser Erkenntnis liegt der Hauptnutzen der wissenschaftlichen Kraftwagen-Untersuchung auch für die Praxis.

Wie sehr sich wissenschaftliche Versuche in Hauptfragen wie auch in Einzelheiten für die Praxis lohnen, zeigen schon die wenigen in den Berichten II—IV veröffentlichten Ergebnisse. Nur durch solche umfassende Versuche läßt sich der notwendige vollständige Überblick über die Kraftwirkung und Kraftverteilung im Triebwerk der Kraftwagen gewinnen. Ohne diesen Überblick bleibt die Beurteilung zu sehr nur an den Einzelheiten hängen und verfällt der Einseitigkeit. Nur durch vollständige Fahrdiagramme und durch übersichtliche Darstellung der Energieverteilung lassen sich die verschiedenen Verlustquellen und damit die Verbesserungsmöglichkeiten erkennen.

Wie sehr schon die Detailergebnisse sich für die Praxis lohnen, ist gleichfalls aus den wenigen Versuchen zu ersehen; dies beweist u. a.: die Erkenntnis des sehr geringen Triebwerksverlustes (Bericht II S. 6, 10) für den direkten Schaltgang, des quadratischen Anwachsens desselben mit der Übersetzung (II S. 14), der großen thermischen Verluste (II S. 8), die Bestimmung der erreichbaren Höchstgeschwindigkeiten und der befahrbaren Höchststeigungen (II S. 5, 18, III S. 3, 9, IV S. 4, 9), die Bestimmung der Überschußleistungen und des Beschleunigungsvermögens (II S. 12, III S. 8, IV S. 8), des Eigenverbrauchs der Wagen (II S. 9, III S. 6), des Brennstoff-Wirkungsgrades und des Benzinverbrauchs (II S. 13, 17).

Selbst nebensächliche Einzelheiten lassen Verbesserungsmöglichkeiten erkennen, z. B: der große Auspuffwiderstand beim Renaultwagen (II S. 26), insbesondere der beträchtliche Widerstand in der Auspuffleitung allein, der bis zu $1\frac{1}{2}$ mal so groß werden kann als der Widerstand im Schalldämpfer (II S. 27), die Mängel der Renault-Regulierung (II S. 30).

Der große Wert der wissenschaftlichen Versuche liegt in den aufstellbaren W e r t z a h l e n, insbesondere den relativen Wertzahlen, die die Vergleichung von Wagenleistungen für verschiedenste Bauart ermöglichen. Ohne solche relative Wertzahlen gibt es nur unvollkommene äußerliche Vergleichungen, die keine richtige Wertung ermöglichen.

Die Bedeutung der Wertzahlen für die Praxis und für den Automobilismus ist deutlich erkennbar, insbesondere die Bedeutung derjenigen Wertzahlen, die der Eigenart der Kraftwagen gemäß über die bisherige Motorbewertung und über die übliche Bewertung von Kraftmaschinen überhaupt hinausgehen und sich zum Zwecke der zuverlässigen, objektiven Wertung auf neue Begriffe oder wenigstens neue Zusammenfassungen und Vergleichungen beziehen.

So u. a.:

die Wertzahlen, die aus den F a h r d i a g r a m m e n zu entnehmen sind und den F a h r - und S t e i g u n g s b e r e i c h, sowie das Verhältnis der Widerstände und Verluste zu den N u t z l e i s t u n g e n usw. kennzeichnen;

die V e r h ä l t n i s w e r t z a h l e n : spezifische Motor-Nutzleistungen, spezifische Reibungsverluste, spezifische Überschußleistungen usw.

Diese Verhältniswertzahlen sind hervorragend geeignet für die Erkenntnis von Verbesserungsmöglichkeiten. Das zeigen insbesondere die Vergleichungen der Rennwagen (Grenzwerte des Erreichbaren) mit den Gebrauchswagen (durchschnittliche Gebrauchswerte) (III S. 7, 8, 13 u. f). Daß es sich hierbei um W e r t u n t e r s c h i e d e b i s z u m e h r e r e n h u n d e r t P r o z e n t handelt, dürfte auch erfahrenen Fachleuten bisher unbekannt geblieben sein. Innerhalb dieser großen Wertunterschiede liegen die Fortschrittsmöglichkeiten.

Aufgabe der weiteren wissenschaftlichen Versuche muß es sein, dieses System von Wertzahlen für objektive wissenschaftliche und wirtschaftliche Wertung von Kraftwagen weiter auszubilden. Bis dahin sollen auch weitere Schlußfolgerungen aus den ersten hier veröffentlichten Ergebnissen unterbleiben.

Im Interesse der r i c h t i g e n o b j e k t i v e n W e r t u n g muß nochmals darauf hingewiesen werden, was in der Anmerkung Bericht I Seite 37 im Anschluß an die Bezeichnung der Meß- und Rechnungsgrößen hervorgehoben ist, da ihm sinngemäß eine weittragende Bedeutung zukommt. Diese muß hier besonders erörtert werden, weil davon Sinn und Ziel der hier in Frage stehenden wissenschaftlichen Bestrebungen abhängt und sich nur bei richtigem Wertungsverfahren zwischen wissenschaftlicher und wirtschaftlicher Wertung keine Widersprüche ergeben.

Die Tatsache, daß deutsche Ingenieure die „indizierten" Leistungen und alle Berechnungen, die sich auf „Indikatorversuche" stützen, weit überschätzen, die Tatsache, daß unter ihnen keine Übereinstimmung der Ansichten über den Begriff „Wirkungsgrad" herrscht, und die Tatsache endlich, daß die üblichen „Wirkungsgrade" in einseitigster Weise überschätzt und fälschlich als wirtschaftliche Wirkungsgrade gedeutet und angewendet wurden, diese Tatsachen sind leider von viel tieferer Bedeutung als von bloß fachwissenschaftlicher. Die hier in Betracht kommenden Versuche und ihre Wertung weichen daher von den überlieferten Bahnen grundsätzlich ab, um Schädigungen und Mißverständnisse zu verhüten, wie sie durch Überschätzung und falsche Deutung der Wirkungsgrade in der deutschen Maschinentechnik seit Jahrzehnten hervorgerufen werden. Der Automobilismus soll vor unrichtigen Methoden bewahrt bleiben. Bei der Wertung von Kraftmaschinen und Kraftfahrzeugen handelt es sich wissenschaftlich und wirtschaftlich um gleichartige Aufgaben. Der Kraftmaschinenbau geht aber dabei Wege, die vermieden werden müssen.

Für die Ermittlung der Leistungen von Kraftmaschinen hat der „Verein deutscher Ingenieure", wesentlich im Interesse der Maschinenfabrikanten, einheitliche „Normen" aufgestellt, die bei der Aufstellung von Verträgen und der Austragung von Streitigkeiten meist als maßgebend anerkannt werden. Diese „Normen" sind jedoch für die gleichartigen Wärmekraftmaschinen: Dampfmaschinen und Verbrennungsmaschinen verschieden, was allein schon ihre Unhaltbarkeit bekundet. Die neuen „Regeln" für Verbrennungsmaschinen besagen nicht einmal ausdrücklich, daß die Ladearbeit abzuziehen sei, sondern dies ist nur aus einer Definition zu folgern, und bei Einführung dieser neuen „Regeln" ist es unterlassen worden, die „Normen" für Dampfmaschinen abzuändern, was logischerweise hätte geschehen müssen.

Ich habe vor sechs Jahren diese Frage in der Fachpresse angeregt, als die neuen Normen beraten wurden; der Erfolg war eine außerordentlich lebhafte fachliche Erörterung, wobei aber jeder Fachmann eine andere Ermittlung des „Wirkungsgrades" begründete, der deutlichste Beweis, daß hier Mängel vorliegen, daß Vereinheitlichung notwendig wäre.

Die wissenschaftliche Automobilwertung muß frei gehalten werden
von den im deutschen Kraftmaschinenbau üblichen „W i r k u n g s -
g r a d e n ". Denn diese Wirkungsgradzahlen stützen sich, entsprechend den
„Normen", auf einseitige, wirtschaftlich wertlose P a r a d e v e r s u c h e
u n d P a r a d e z a h l e n, auf einseitig ausgewählte Höchstleistungen, die
dem wirklichen Betriebszustande nur ausnahmsweise entsprechen und nie
dem Betriebsdurchschnitt.

Das Schädigende der einseitigen „wissenschaftlichen" Paradezahlen im
Kraftmaschinenbau ist insbesondere darin zu erblicken, daß der w i r t -
s c h a f t l i c h e n Seite der Maschinenbetriebe, also der Hauptsache, nicht
Rechnung getragen und damit das Verhältnis zwischen dem Besteller
von Maschinen und dem Lieferanten auf einen falschen Boden gestellt
wird. Dem Besteller handelt es sich bei Kraftmaschinenbetrieben immer,
bei Kraftwagenbetrieben — von Sport- und Luxuswagen abgesehen —
in der Regel nur um die erreichbare Durchschnittsleistung, um das
wirtschaftliche Ergebnis. Der Besteller sollte daher von einseitigen Wertzahlen, auf die es ihm gar nicht ankommt und wirtschaftlich auch gar
nicht ankommen kann, verschont bleiben.

Um dies näher zu begründen, ist auf den Zusammenhang der üblichen
„Abnahmeversuche" mit den „Gewährleistungen" einzugehen.

Die W e r t u n g von Kraftmaschinen und Maschinenanlagen erfolgt nur
durch „Abnahmeversuche". Die Ergebnisse dieser Versuche müssen den ver-
traglichen Versprechungen genügen, dann ist das Geschäft für den Lieferanten erledigt. Das Wertungsverfahren ist durch die erwähnten „Normen"
und „Regeln" hinsichtlich Umfang und Wertungsmethoden normalisiert.

Der Zweck solcher Wertung der Maschinen nach den „Normen" ist,
die Entlastung des Lieferanten gegenüber seinen Gewährleistungen herbeizuführen. Einheitlichkeit in diesem Verfahren ist unerläßlich. Das nor-
malisierte Versuchsverfahren ist aber k e i n e M a s c h i n e n w e r t u n g
im wirtschaftlichen Sinne. Es dient nur dazu, die versprochene H ö c h s t -
l e i s t u n g e i n m a l i g, und zwar unter Ausnahmezuständen, a l s m ö g -
l i c h nachzuweisen. Hierin liegt eine folgenschwere Einseitigkeit.

Um die Entlastung möglichst sicher herbeizuführen, bringt der Lieferant seine Lieferung zunächst entsprechend den „Normen" in den „ A b -

n a h m e z u s t a n d ". Das ist ein Ausnahmezustand, in den die Maschine im gewöhnlichen Betriebe nie wieder gebracht wird. Hierin liegt eine große Einseitigkeit, weil sie auf den später folgenden, allein maßgebenden wirtschaftlichen Betriebszustand keine Rücksicht nimmt.

Während der Abnahmeversuche steht die Anlage unter der scharfen Aufsicht des Abnahmeingenieurs der Fabrik, der nach Kräften bemüht ist, den günstigsten Betriebszustand herzustellen und während der Dauer der Versuche tunlichst aufrechtzuerhalten, was durch die vorangegangene Vorbereitung und durch Nachhilfen während der Versuche, z. B. durch Nachregulieren von Hand aus, unschwer erreicht wird.

Das ist bei Verbrennungsmaschinen und bei rotierenden Kraft- und Arbeitsmaschinen besonders auffällig.

Die fortlaufenden Einzelmessungen wärend der Abnahmeversuche sind dem Abnahmeingenieur bekannt; er kennt daher jederzeit den augenblicklichen Gang des Ganzen und ist in der Lage, da, wo es nötig und möglich ist, nachzuhelfen. Später steht die Maschine, im günstigsten Falle, unter der selbsttätigen Kontrolle der Reguliervorrichtung, oft aber auch unter der Obhut eines Maschinisten, der klüger sein will als der Regulator.

Die Wertung der Anlage erfolgt somit nicht in ihrem normalen Betriebszustande, unter dem Einflusse der selbsttätigen Regulierung und unter der normalen Wartung durch einen gewöhnlichen Maschinisten, sondern in einem Ausnahmebetriebszustande.

Daher können durch die normale Maschinenwertung nach den deutschen „Normen" unter den Händen eines geschickten Abnahmeingenieurs Paradezahlen erzielt werden, die von den durchschnittlichen wirtschaftlichen Ergebnissen im gewöhnlichen Jahresbetrieb um 30—100, ja noch viel mehr Prozent abweichen. Dann kann eine Anlage für den Besteller, der selten ausreichend sachverständig ist, sogar wertlos werden, falls er die ihm versprochene Höchstleistung für eine dauernd erreichbare Durchschnittsleistung gehalten hat.

Die „Normen" schließen dabei unzulässige, weil im praktischen Betriebe unanwendbare Mittel nicht aus, durch die es möglich ist, bei den Abnahmeversuchen günstige Paradezahlen herauszudrücken und die Abnahmewertung in kritischen Fällen sicherzustellen, z. B.: Drosselung des Kühlwassers bei

Verbrennungsmaschinen, um die Kühlverluste zu vermindern, schlagendes Schließen von Steuerungsventilen, um die Einlaßdrosselung zu vermindern, Verschmieren der Vakuumfugen, um die Luftleere zu verbessern, Wegnehmen von Rohrleitungen, um den Zuströmungswiderstand zu vermindern. Alles das wird als dem „Abnahmezustand" der Maschine gemäß wenigstens geduldet.

Dazu kommt noch die Hintertür der „Toleranz". Garantiert wird z. B. ein Verbrauch von 2000 Wärmeeinheiten, aber bei 5 % Toleranz, und ein „Pönale" wird zugestanden, nur wenn der Mehrverbrauch volle 100 Wärmeeinheiten überschreitet. So wenigstens ist es üblich geworden. Das ist wieder sehr bedenklich, denn solche Gewährleistung bedeutet eben nur 2100 Wärmeeinheiten garantierten Verbrauch, und das sollte dem Besteller doch klar gesagt und nicht auf solch unnützen Umwegen bestimmt werden, zumal das „Pönale" nie einen ausreichenden Ersatz für den wirtschaftlichen Schaden bildet. Aus solchen Unklarheiten zieht nur der waghalsige, wirtschaftlich verderbliche Wettbewerb Nutzen.

Die „Normen" und „Regeln" schweigen gänzlich über die maßgebende wirtschaftliche Gewährleistung. Bei Gasmaschinen ist auch über das Verhältnis der Höchstleistung zur Nennleistung oder Durchschnittsleistung und über die Überlastbarkeit der Maschinenanlage nichts Bestimmendes gesagt. Das sind aber für den Abnehmer die wichtigsten Faktoren, und die werden in den Verträgen, wenn sie überhaupt darin vorkommen, mit „etwa" und „ungefähr" unverbindlich erledigt. Hierdurch wird wieder dem weitherzigen Wettbewerb Tür und Tor geöffnet, zum Schaden des hochstehenden Maschinenbaus. Der Lieferant hat nach den „Normen" seine Verpflichtungen erfüllt, wenn die von ihm gelieferte Maschinenanlage im „Abnahmezustande", also ausnahmsweise, „etwas mehr" als die garantierte Leistung durchgezogen hat. Daß gegenüber den Betriebszufälligkeiten die wirtschaftliche Leistung außerordentlich zurückbleiben kann, erfährt der Besteller erst nachher.

Hier liegt der bedenkliche Punkt: Der Besteller kennt nicht die gewaltigen Unterschiede zwischen den Paradezahlen der „Normen" und den wirtschaftlichen Durchschnittszahlen; ihn, den sachlich nicht genügend Kundigen, bestimmt die in Aussicht gestellte Höchstleistung, er weiß auch nichts von den Feinheiten des Abnahmeverfahrens und kann daher durch die Paradezahlen, die sich nach dem Wertungsverfahren der deutschen „Normen" ergeben, wirtschaftlich irregeführt werden.

So entstehen auch die zahlreichen wirtschaftlich falsch angelegten Kraftwerke, die dauernd ungünstig arbeiten, weil sie nach Paradewirkungsgraden berechnet und auf einen Betriebsfall zugeschnitten sind, der nur ausnahmsweise, nur wenige Stunden, manchmal auch garnicht vorkommt. Im durchschnittlichen Betriebe, während der zehn- bis zwanzigfachen Zeitdauer des günstigen Ausnahmebetriebs, arbeiten sie dann wirtschaftlich unrichtig.

In solcher Weise entstehen unnütz kostspielige Anlagen, und Millionen werden in unwirtschaftlichen Betrieben verschleudert. Jenes einseitige Wertungsverfahren wird dabei, in Deutschland wenigstens, für besonders „wissenschaftlich" gehalten, und die Literatur ist davon übervoll. Die vielen wissenschaftlich aufgeputzten Paradeversuche nach diesem Verfahren haben auch den Fortschritt nicht gefördert, weil die Fabrikanten wohl die Veröffentlichung der Paradezahlen, nie aber die der Einzelheiten der Konstruktion gestatten.

Dazu kommt, daß diese Höchstwerte von Wirkungsgraden und diese vermeintlichen wirtschaftlichen Wertzahlen verschieden ausgelegt werden, obwohl sie die Grundlage von Verträgen bilden. Wenn aber diese Grundlagen nicht einmal eindeutig feststehen, so müssen schließlich Juristen entscheiden, was „Wirkungsgrad" oder „indizierte" Leistung ist.

Die „N o r m e n" des Vereins deutscher Ingenieure und das durch sie festgelegte Wertungsverfahren für Kraftmaschinen haben seit Jahrzehnten als Erfolg aufzuweisen:

Die wirtschaftlich wertlosen Paradezahlen überwuchern und werden unzähligen Verträgen zugrunde gelegt, obwohl es auf sie praktisch gar nicht ankommt.

Die maßgebenden wirtschaftlichen Wertzahlen, auf die es allein ankommt, sind selbst in Fachkreisen vielfach unbekannt. Sie werden von den Erwerbsgesellschaften geheim gehalten oder auch falsch angegeben und sind nur ausnahmsweise von städtischen Betrieben zu erfahren.

Das Wertungsverfahren, vom Verein für die Interessen der Maschinenfabrikanten aufgestellt, schädigt auch diese Produzenten, und sie vielleicht noch mehr als die Abnehmer der Maschinen, weil durch dieses Verfahren eine verlockende Prämie auf verwegenen Wettbewerb und Preisdrückerei ausgesetzt und der Kampf aller gegen alle gefördert wird, der gerade bei uns, zum Schaden aller Beteiligten, in höchster Blüte steht.

Solche Zustände müssen vom Kraftfahrzeugbau und vom Automobilismus streng ferngehalten werden. Die gekennzeichneten einseitigen Wege, die der deutsche Kraftmaschinenbau an der Hand seiner „Normen" geht, muß der Kraftfahrzeugbau meiden. Der Automobilismus ist schon ausreichend belastet durch die Paradezahlen und Wertungsverfahren der Sportveranstaltungen.

Im Kraftfahrzeugwesen soll daher nur mit Werten gerechnet werden, die genau dem praktischen Fahrbetrieb entsprechen, nicht mit aufgeputzten Einseitigkeiten. Aus diesen Gründen wird bei den hier veröffentlichten, wie auch bei weiter folgenden Versuchen und Berichten, wie schon hervorgehoben, streng der Grundsatz befolgt:

nichts zu messen, was nicht dem w i r k l i c h e n F a h r b e - b e t r i e b e, den Durchschnittsleistungen entspricht,

nichts zu rechnen, was nicht ausreichend genau und u n m i t t e l - b a r g e m e s s e n werden kann,

daher grundsätzlich keine indizierten Leistungen oder andere unsichere Messungen zugrunde zu legen und keine einseitigen Wirkungsgrade und Wertzahlen zu benutzen, die nur Ausnahmezuständen entsprechen, sondern nur Wertzahlen zu bestimmen und zu benutzen, die mit der Wirklichkeit, mit dem praktischen Wagenbetriebe vollständig übereinstimmen.

Druck von H. S. Hermann in Berlin.

www.ingramcontent.com/pod-product-compliance
Lightning Source LLC
Chambersburg PA
CBHW081434190326
41458CB00020B/6206